2016 / 2019

Word

高效實用
範例必修 16課

關於文淵閣工作室

常常聽到很多讀者跟我們說：我就是看你們的書學會用電腦的。

是的！這就是寫書的出發點和原動力，想讓每個讀者都能看我們的書跟上軟體的腳步，讓軟體不只是軟體，而是提昇個人效率的工具。

文淵閣工作室創立於 1987 年，第一本電腦叢書「快快樂樂學電腦」於該年底問世。工作室的創會成員鄧文淵、李淑玲在學習電腦的過程中，就像每個剛開始接觸電腦的你一樣碰到了很多問題，因此決定整合自身的編輯、教學經驗及新生代的高手群，陸續推出 「快快樂樂全系列」 電腦叢書，冀望以輕鬆、深入淺出的筆觸、詳細的圖說，解決電腦學習者的徬徨無助，並搭配相關網站服務讀者。

隨著時代的進步與讀者的需求，文淵閣工作室除了原有的 Office、多媒體網頁設計系列，更將著作範圍延伸至各類程式設計、攝影、影像編修與創意書籍，如果您在閱讀本書時有任何的問題或是許多的心得要與所有人一起討論共享，歡迎光臨文淵閣工作室網站，或者使用電子郵件與我們聯絡。

■ 文淵閣工作室網站　　http://www.e-happy.com.tw

■ 服務電子信箱　　e-happy@e-happy.com.tw

■ 文淵閣工作室　粉絲團　　http://www.facebook.com/ehappytw

■ 中老年人快樂學　粉絲團　　https://www.facebook.com/forever.learn

總 監 製：鄧文淵　　　　　企劃編輯　：鄧君如

監　　督：李淑玲　　　　　責任編輯　：熊文誠

行銷企劃：Cynthia · David　　執行編輯　：黃郁菁 · 鄧君怡

本書特點

實務範例為導向

本書以日常生活的實務範例,使用 Word 製作出不同主題的說明與應用。讓您在練習時除了能熟悉功能,更能將學習的成果應用在日常生活與工作之中。除此之外,在每個作品結束後,都會提供延伸練習,讓您可以利用相關的技巧,製作出不同方向的作品。

範例解說流程

本書提供相當豐富的主題範例,讓讀者可以依據以下原則輕鬆操作並了解每個範例裡所要說明的重點:

關於 Word 2016 與 Word 2019 功能名稱差異

閱讀本書並操作範例的同時,可能會發現流程中部分功能名稱略有差異,例如:在 Word 2016 中稱為 **註解方塊**,而 Word 2019 則稱為 **球形文字說明**。本書範例說明將以 2016 版本為主,再用括弧說明 2019 版本,例如:選按 **註解方塊** (或 **球形文字說明**)。

▲ Word 2016

▲ Word 2019

本書範例

本書範例檔可從此網站下載：http://books.gotop.com.tw/DOWNLOAD/ACI034100，下載的檔案為壓縮檔，請解壓縮檔案後再使用。每章主範例的存放路徑會標註在各章 "學習重點" 頁面下方。

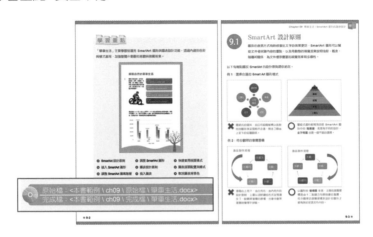

本書以 <本書範例> 與 <延伸練習> 二個資料夾整理各章範例檔案，依各章章號資料夾分別存放，每章的範例又分別有 <原始檔> 與 <完成檔> 資料夾：

▶ 線上下載

本書範例檔內容請至下列網址下載：

http://books.gotop.com.tw/DOWNLOAD/ACI034100

其內容僅供合法持有本書的讀者使用，未經授權不得抄襲、轉載或任意散佈。

目錄

01 認識 Word 環境介紹與檢視技巧

02 節慶文宣 文件基本編輯

03 圖書介紹 美化文字外觀

04 活動企劃書 段落格式設定

05 求職履歷表 快速套用範本

06 茶葉行訂購單 表格應用

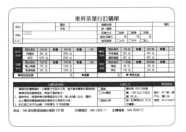

07 環湖步道 圖片插入與編輯

08 旅遊導覽 圖案與文字藝術師

09 單車生活 SmartArt 圖形與圖表設計

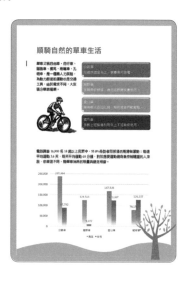

10 商品攝影 版面設定與列印

11 攝影課程表信件 合併列印與標籤套印

12 行動商務書面報告Ⅰ 樣式設計

13 行動商務書面報告Ⅱ 長文件製作

14 旅行檢查清單 文件校閱與保護

15 段考試題卷 方程式建立與應用

16 我的文件在雲端 Microsoft 365 與 OneDrive 應用

01

認識 Word
環境介紹與檢視技巧

操作介面

索引標籤‧檢視模式

顯示比例

從開啟 Word 開始，認識全新作業環境及設計，並透過文件檢視模式、顯示比例及視窗操作，熟悉軟體的基礎操作，為使用 Word 進行暖身。

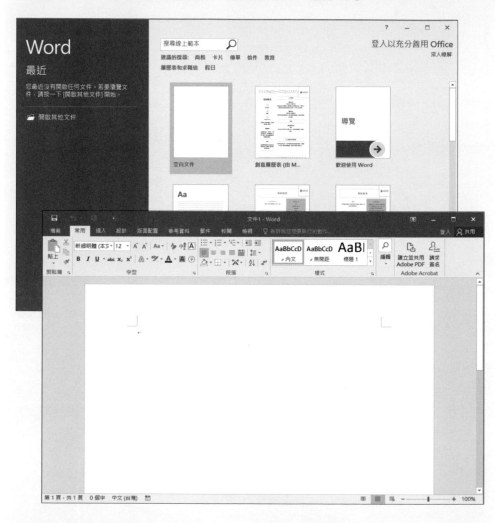

- ⊕ 進入 Word
- ⊕ 認識 Word 操作介面
- ⊕ 功能區與索引標籤

- ⊕ 文件檢視模式
- ⊕ 文件顯示比例
- ⊕ 視窗操作

1.1 進入 Word

Word 是 Office 家族裡面的文書處理軟體，提供了簡易的操作方法，並融合許多新增的實用功能，還有強大的排版編輯能力，讓設計文件更加方便。

開啟空白文件

01 於 **開始** 畫面中選按 **Word** 應用程式動態磚，開啟 Word 軟體。

02 開啟 Word 軟體後，選按 **空白文件** 開啟一份新的空白頁面，並可以隨時開始編輯內容。

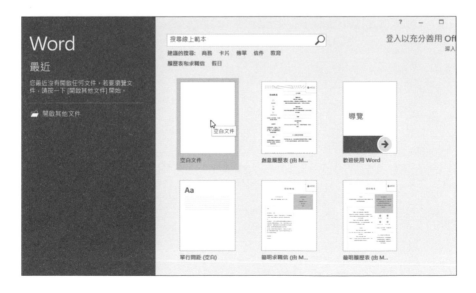

03 如果想要再另外建立一個新的檔案時，可以於 **檔案** 索引標籤選按 **新增 \ 空白 文件**。

關閉 Word

結束 Word 軟體操作時，可於視窗右上角的 ⊠ **關閉** 鈕上按一下滑鼠左鍵。

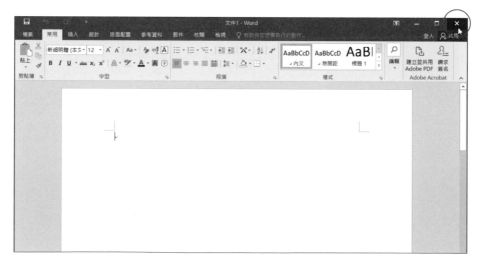

認識 Word 操作介面

Word 的介面環境，以簡單、一目瞭然的配置呈現。現在就來看看這個全新的使用者介面，讓操作更容易上手！

環境功能介紹

透過下圖標示，熟悉各項功能的所在位置，讓您在接下來的操作過程中，可以更加得心應手。

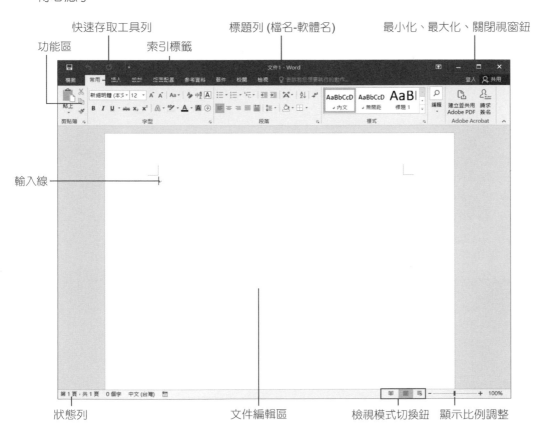

檔案索引標籤

於 Word 視窗的左上角選按 **檔案** 索引標籤，會切換到相關視窗，並將一些常用與基本功能，例如：**資訊、新增、開啟舊檔、儲存檔案、另存新檔、列印、共用、選項**...等放置於其中。

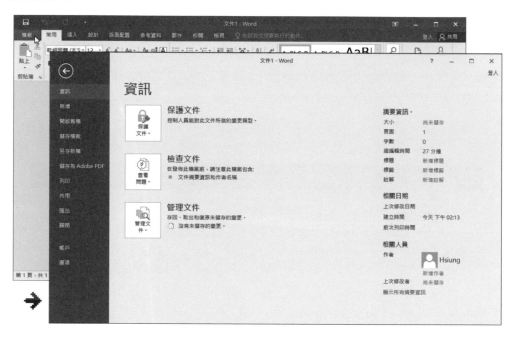

選按 **選項** 開啟對話方塊，其中提供 **顯示、校訂、儲存**...等多項偏好設定。

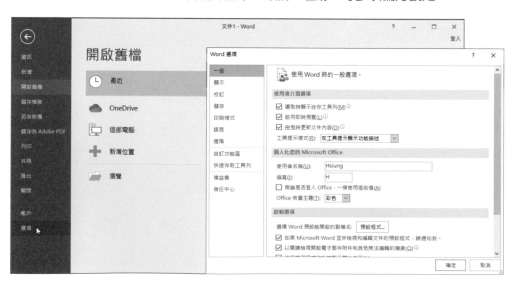

功能區與索引標籤

功能區位於 Word 視窗頂端，將工作依特性分成 **常用**、**插入**、**設計**、**版面配置**、**參考資料**、**郵件**、**校閱**、**檢視** 八大索引標籤，每個索引標籤下包含數個相關群組，而每個群組又包含多項功能。

開啟 Word 新文件時，預設會開啟 **常用** 索引標籤，若想要切換至其他索引標籤時，只要在上方索引標籤名稱上按一下滑鼠左鍵即可。

功能群組的右下角若有 ⬚ 對話方塊啟動器圖示時，按一下可以開啟相關功能的對話方塊，進行更細部設定。(此例練習於 **常用** 索引標籤選按 **字型** 對話方塊啟動器)

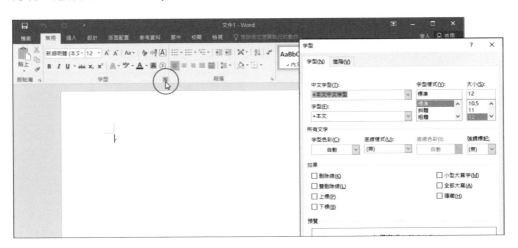

TIPS

關於功能區及索引標籤顯示狀態

1. 當功能區範圍變小時，其中的功能按鈕會等比例縮小，隱藏至主要功能底下或僅顯示圖示，此時只要再將視窗放至最大或利用工具提示，正確選按想要的功能按鈕即可。

2. 為了讓 Word 畫面不致於太過零亂，某些索引標籤只會在執行相關工作時才會出現。例如：選取圖片或美工圖案時，會出現 **圖片工具\格式** 索引標籤。

功能區的隱藏與顯示

01 若功能區會影響文件的編輯範圍時，可以於功能區右上角選按 **功能區顯示選項** 鈕，清單中選按 **自動隱藏功能區**，此時功能區自動隱藏了。

▲ 若要暫時顯示功能區，只要將滑鼠指標移至最頂端，在藍色區塊上按一下滑鼠左鍵即可。

02 於功能區右上角選按 **功能區顯示選項** 鈕，於清單中選按 **顯示索引標籤**，此時會僅顯示功能區的索引標籤，要顯示索引標籤下方的命令時，只要將滑鼠指標移至索引標籤上，按一下滑鼠左鍵即可。

03 想要完整顯示索引標籤及功能區時，可以於功能區右上角選按 **功能區顯示選項** 鈕，於清單中選按 **顯示索引標籤和命令**。

TIPS

摺疊功能區

功能區除了可以透過右上角的 **功能區顯示選項** 鈕進行隱藏或顯示，也可以直接在功能區上按一下滑鼠右鍵，選按 **摺疊功能區** 以達到相同目的。

快速存取工具列

快速存取工具列位於 **檔案** 索引標籤的上方，可以將一些常用的功能按鈕，例如：儲存檔案、復原...等整理於此處，方便快速執行。

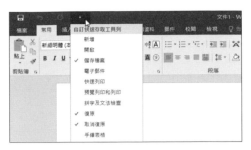

▲ 選按快速存取工具列最右側的 **自訂快速存取工具列** 鈕，可以將常用的功能按鈕新增於其中。

詳盡的工具提示

Word 功能強大，在操作時卻不一定了解每個按鈕的實際作用，這時候只要將滑鼠指標移至功能區的各項按鈕上方，便會自動顯示名稱、快捷鍵與更詳細的功能提示，減少摸索時間。

▲ 若想知道更多的說明時，可以直接按 F1 鍵開啟 **說明** 視窗。

呼叫功能區快速鍵提示

對於鍵盤操作較為得心應手的人，可以按一下 Alt 鍵，即可在功能區中顯示該功能的快速鍵提示，藉此加速操作的流程！

▲ 透過功能區顯示的按鍵提示，進行層層選按與功能執行，完成後按 Esc 鍵可取消顯示快速鍵提示。

文件檢視模式

1.3

Word 依照文件的內容與工作的性質，提供五種檢視模式協助編輯與審視文件。

整頁模式

此為 Word 的預設模式，可以將文件中的內容以整頁的狀態完整呈現，並顯示如：頁首 / 頁尾、欄、文字方塊、圖片或其他物件的實際位置，方便進行相關調整與編輯。

於 **檢視** 索引標籤選按 **整頁模式**，或狀態列 ▤ **整頁模式** 鈕都可開啟此一模式。

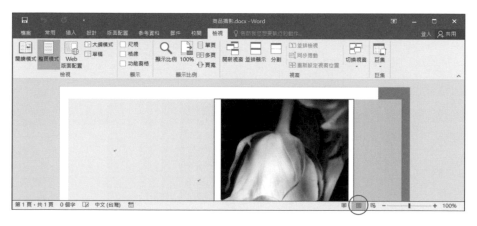

在 **整頁模式** 下，將滑鼠移至文件的上或下邊界呈 ⊬ 狀，連按二下滑鼠左鍵可以將二頁中間的空白區域隱藏起來，連接上下頁面。

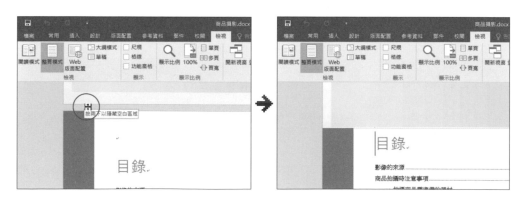

閱讀模式

將功能區隱藏起來,讓使用者的閱讀可以更為集中,注意力不分散,並配合螢幕大小顯示文件的內容。預設以欄版面配置顯示,關閉文件的編輯模式,純粹以瀏覽方式進行觀看。在此模式下,不但增加文件的可讀性,更能增加在電腦上閱讀的舒適度,讓瀏覽者的眼睛不致太過疲勞。

於 **檢視** 索引標籤選按 **閱讀模式**,或狀態列 **閱讀模式** 鈕都可開啟此模式。

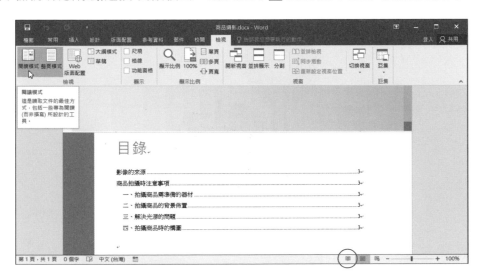

選按 **檢視**,清單中提供 **版面配置**、**頁面色彩**...等設定。

於畫面左右二側,按向左或向右鈕,可切換上一頁或下一頁。

瀏覽 Word 資料時，常常會覺得圖片內容太小無法看的很清楚，Word 閱讀模式新增一個功能讓您可以迅速掌握圖片內容。

在 **閱讀模式** 狀態下，將滑鼠指標移至圖片上連按二下滑鼠左鍵，會呈現放大的狀態，讓您方便瀏覽圖片內容，要離開瀏覽圖片只要在空白處按一下滑鼠左鍵即可。

選按 🔍 鈕，可將圖片再放大瀏覽。

Web 版面配置

模擬在網頁瀏覽器的檢視狀態下進行文件編輯，可使文件版面呈現最佳化，背景看得到，文字的字數與表格寬度都會依文件視窗的大小而自動改變，不用左右捲動文件。

於 **檢視** 索引標籤選按 **Web 版面配置**，或狀態列 🖥 **Web 版面配置** 鈕都可開啟此一模式。

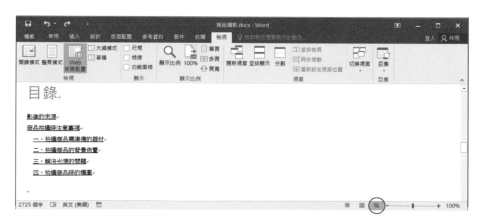

大綱模式

透過此模式查看文件結構，並依照需要展開或摺疊文件的標題或內文，也可以利用拖曳方式複製與重新整理文字。

於 **檢視** 索引標籤選按 **大綱模式**，可開啟此一模式。

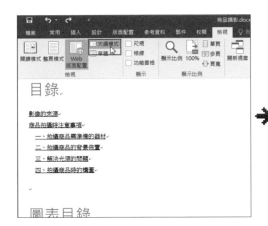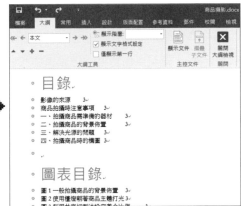

草稿模式

在此模式中顯示文字格式，簡化版面配置 (不顯示垂直尺規、頁首頁尾、背景、繪圖物件與沒有設定與文字排列文繞圖之圖片) 以利快速輸入與編輯。

於 **檢視** 索引標籤選按 **草稿**，可開啟此一模式。

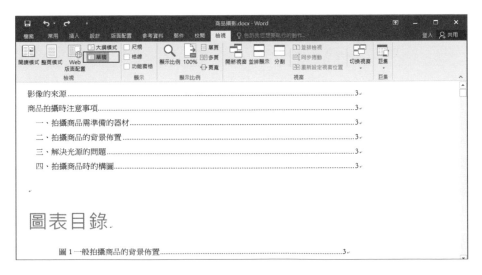

1.4 文件顯示比例

為了方便不同年齡層瀏覽，可在不影響文件樣式下適度放大或縮小其顯示比例，而顯示比例的調整並不會影響列印出來的文件。

於 **檢視** 索引標籤選按 **顯示比例** (或 **縮放**) 開啟對話方塊，除了可以於 **顯示比例為** 項目中核選欲顯示的比例，也可以直接輸入自訂 **百分比** 的值。而如果範例文件是一頁以上時，則可以核選 **多頁**，以便同時顯示文件整體外觀。

按 **顯示比例** 滑桿不放拖曳，往右或往左即可快速調整顯示比例。

按 **確定** 鈕，離開對話方塊後，螢幕上相關字型與物件的顯示比例即瞬間產生變化！

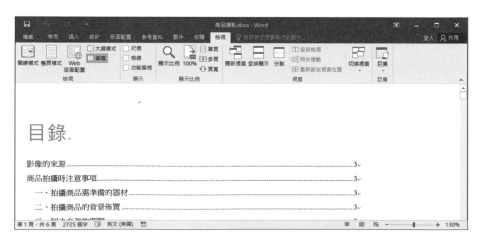

視窗操作

視窗是文件在製作時,一個非常重要的瀏覽界面。有時因為檢視或作業上的需求,必須同時開啟多個文件時,可以透過以下介紹的方法,讓工作更為流暢!

開新視窗

同一份文件,於 **檢視** 索引標籤選按 **開新視窗**,會以相同內容另外再開啟一個新視窗,方便使用者針對文件進行檢視與調整。

標題列中會自動加上編號藉以區別視窗畫面。

垂直檢視視窗

想要將多份不同的文件進行資料比對時,可以於 **檢視** 索引標籤選按 **並排檢視**,即可將視窗以垂直並排的方式顯示,如果欲結束並排方式,即再選按 **並排檢視** 即可。

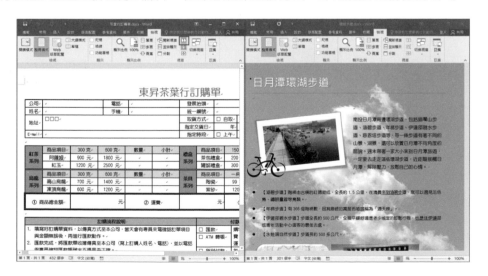

水平顯示視窗

如果於 **檢視** 索引標籤選按 **並排顯示**，即可將視窗以水平並排的方式顯示。如果欲回到原來視窗狀態時，只要按視窗右上角的 ▣ **最大化** 鈕即可。

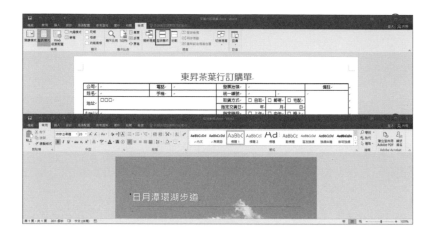

手動分割捲動視窗

當文件篇幅冗長，透過垂直捲軸捲動到文件下方時，往往便無法看到文件上方的標題列文字，此時於 **檢視** 索引標籤選按 **分割**，在文件上會出現分割線，將滑鼠指標移至分割線上後，呈 ✚ 狀，按滑鼠左鍵不放即可上下移動調整分割線位置進行瀏覽。

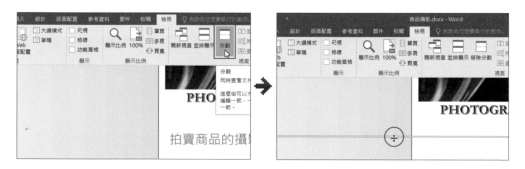

TIPS

移除分割

如果欲移除分割視窗的設定時，於 **檢視** 索引標籤選按 **移除分割**，或將分割線拖曳至上方，文件以外的位置都可以。

延伸練習

填充題

試將下列的 Word 操作介面相關名稱，填寫於適當的位置。

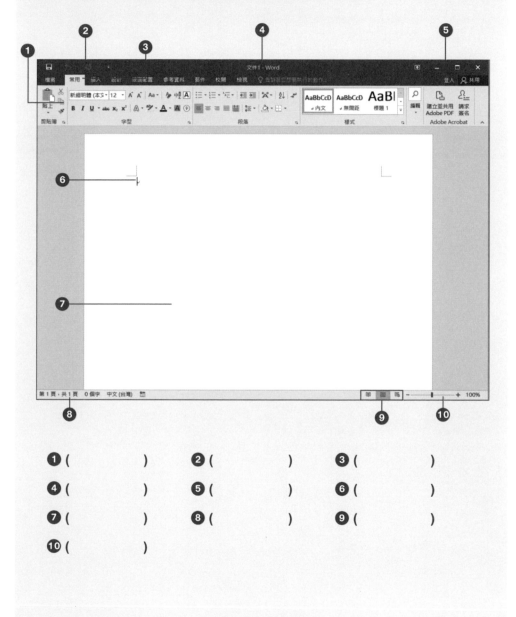

1 ( ) **2** ( ) **3** ( )

4 ( ) **5** ( ) **6** ( )

7 ( ) **8** ( ) **9** ( )

10 ( )

NOTE

02

節慶文宣
文件基本編輯

輸入法・標點符號

分段分行・複製與貼上

日期時間・全形空白

儲存・PDF・XPS

學習重點

"節慶文宣" 主要目的是透過文字更加了解民俗文化內容，練習文字輸入、格式化、基礎編輯、段落設計...等功能。以 Word 常用的文件編輯功能說明與練習，快速學會這份作品。

『民俗』節慶與活動 2013 年 9 月 4 日
民俗節慶從古代到今，都與人們生活有著密不可分的關係，也是中華文化相當獨特的一環。其中包含了除舊迎新的農曆春節、元宵節、中元節、端午節、月圓人團圓的中秋節。

❶ Chinese (Lunar) New Year 農曆春節
春節以農曆正月初一到初五這段期間最為濃厚，俗稱「過年」，有辭舊迎新之意，被視為一年中最重要的節日。
慶典活動：年貨大街有各式各樣的年貨商品，如：香腸、臘肉、年糕和烏魚子等，讓民眾方便採購，過個好年。

❷ Lantern Festival 元宵節
農曆 1 月 15 日是元宵節稱為「小過年」，元宵節全國各地張燈結綵熱鬧地辦理燈會慶元宵系列活動，包括燈會、放天燈…等慶祝儀式，現在已成為國際觀光客喜愛的節慶。
慶典活動：鹽水蜂炮是圍繞鞭炮的各類習俗，放炮就是帶有喜氣的活動。

❸ Dragon Boat Festival 端午節
端午節最普遍的習俗划龍舟和吃粽子，據說早年屈原投江而死，人們為搜救他，紛紛划龍舟槳在江面來回找尋，此後逐漸演變成龍舟競渡。
慶典活動：賽舟錦標賽一般應美麗的龍舟，選手的實力演出，加上遊客的熱情鼓舞，展現了歲時節慶的歡樂氣氛。

❹ Ghost's Festival 中元節
農曆 7 月俗稱「鬼月」，在傳統習俗中，農曆 7 月 1 日凌晨鬼門開到農曆 7 月 29 日鬼門關的這段期間各地區為祈求消災解厄、諸事順利平安，會舉辦大大小小的祭典。
慶典活動：宜蘭頭城搶孤表達對先民的追念，在農曆七月舉行搶孤儀式，祈求普渡孤魂和消災解厄。

❺ Moon Festival, Mid-Autumn Festival 中秋節
中秋最重要的民間習俗有賞月、吃月餅、吃柚子…等。「吃柚子」的習俗，取「柚」與「佑」諧音，代表受月亮護佑之意。
慶典活動：烤肉是近來中秋節一定會舉行的活動，在月光下與家人朋友齊聚一堂，也是一種團圓的象徵。

➕ 中英文輸入法切換	➕ 搬移資料
➕ 加入文字與標點符號	➕ 加入特殊符號
➕ 分段、分行快速整理資料	➕ 輸入全形空白
➕ 複製與貼上	➕ 插入日期與時間
➕ 修改文字	➕ 將文件儲存 97-2003 檔案類型
➕ 刪除與復原文字	➕ 建立 PDF 或 XPS
➕ 運用滑鼠選取資料範圍的方法	➕ 使用 Word 開啟 PDF 檔案

原始檔：<本書範例 \ ch02 \ 原始檔 \ 民俗節慶項目.docx>
完成檔：<本書範例 \ ch02 \ 完成檔 \ 認識民俗節慶.docx>

2.1 輸入文字

一份文件的產生，文字是最基礎的建構元素，以下我們便率先透過輸入法的切換，建立中英文內容。

關於輸入線

當開啟一份空白的新文件，Word 文件編輯區中，會發現一個閃爍的黑色直線，此處統稱為 **輸入線**，輸入的資料會隨著輸入線的位置而依序出現。如何到達想要輸入文字的位置、切換輸入法、輸入中英文字、編修文字...等，都將於本節介紹。

T I P S

利用快速鍵方式移動輸入線

Home 或 End 鍵：移至一行文字的頭或尾。

Alt + Ctrl + PageUp 或 PageDown 鍵：移至範圍顯示內的文件開頭或結尾。

Ctrl + Home 或 End 鍵：移至文件的開頭及結尾。

中英文輸入法切換

01 於右下角 **語言工具列** 按 Shift 鍵設定為 英，即可將目前輸入法模式切換為英文輸入法狀態。

02 輸入英文字母時，預設是小寫狀態，若要轉換成英文大寫時，在小寫狀態下按 Shift 鍵不放，再按著英文字母鍵，若放開 Shift 鍵之後，將會恢復成小寫狀態。或是按 Caps Lock 鍵，也可將字母鎖定為大寫狀態，再按一下 Caps Lock 鍵即取消鎖定。

03 按 Shift 鍵切換為 中，代表為中文輸入法模式，選按 回 鈕 (或其他輸入法圖示)，再於清單選按適合您的輸入法。

加入文字與標點符號

現在以 "微軟注音" 輸入法為例，練習輸入本章範例的標題文字，並在標題文字 "民俗" 前、後各加一個雙引號標點符號，區隔主標與副標題。

01 先透過 語言工具列 設定 中文 (繁體，台灣) 微軟注音 輸入法，再輸入文字「民俗節慶與節日」。

02 在 "民俗" 文字最前方按一下滑鼠左鍵，將輸入線移至此處，於右下角 語言工具列 確定目前為 中 狀態，再於 中 上方按一下滑鼠右鍵選按 符號查詢。

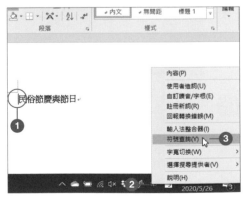

03 選按 "『" 標點符號,然後按 Enter 鍵,利用相同操作方法,於 "俗" 文字後方加入 "』" 標點符號。

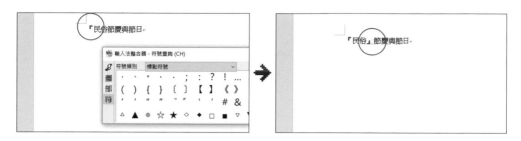

TIPS

使用快速鍵開啟標點符號鍵盤

在右下角 **語言工具列** 目前輸入法為中文輸入法狀態,按 Ctrl + Alt + ˋ 鍵,即可立即打開標點符號鍵盤 。

顯示分段符號

一般預設情況下 ↵ 分段符號為顯示狀庇,如果您發現分段後並沒有顯示該符號,請於 **檔案** 索引標籤選按 **選項** 開啟對話方塊,在 **顯示 \ 在螢幕上永遠顯示這些格式化標記** 項目中核選 **段落標記**。

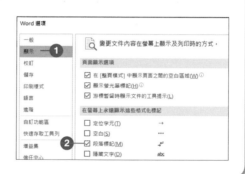

分段、分行快速整理資料

Enter 鍵可以為文句分段;Shift + Enter 鍵則是執行強迫換行的動作,請於第二、四段輸入內文資料,並適當的予以整理。

01 在第一段文字的最尾瑞,按一下滑鼠左鍵顯示輸入線,按 Enter 鍵,讓輸入線移至第二段。

02 輸入第二段的中文資料「民俗節慶從古代.......」，輸入完畢後按 Enter 鍵，讓輸入線移至第三段。

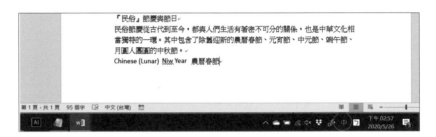

『民俗』節慶與節日
民俗節慶從古代到今，都與人們生活有著密不可分的關係，也是中華文化相當獨特的一環。其中包含了除舊迎新的農曆春節、元宵節、中元節、端午節、月圓人團圓的中秋節。

03 按 Shift 鍵，切換為英文輸入法，完成第三段英文資料輸入，接著按 Space 鍵輸入一個半型空白，再按 Shift 鍵，切換為中文輸入法，輸入中文資料。

『民俗』節慶與節日
民俗節慶從古代到今，都與人們生活有著密不可分的關係，也是中華文化相當獨特的一環。其中包含了除舊迎新的農曆春節、元宵節、中元節、端午節、月圓人團圓的中秋節。
Chinese (Lunar) Niw Year 農曆春節

TIPS

分段與分行的區別

1. 按 Enter 鍵會在目前輸入線所在位置執行分段的動作，產生一個新的段落，並出現 ↵ 段落符號。

2. 按 Shift + Enter 鍵會在目前輸入線所在位置執行強迫換行的動作 (換行但段落相同)，並出現 ↓ 分行符號。然而 "行" 無法設定前後段的距離，以及首行縮排或凸排...等效果，因為它只是換行，所以會延續同一段內的相關段落設定。

複製與貼上

其他檔案中已經完成的資料就不需要再重複作業，只要輕鬆複製文字資料至文件中，並於合適的位置編修就好了。

01 開啟範例原始檔 <民俗節慶項目.docx>，於 **常用** 索引標籤選按 **選取 \ 全選**。

02 於 **常用** 索引標籤選按 **複製**，複製文字資料至文件中，回到 **文件1** 檔案中，於 "春節" 文字最後方按 Shift + Enter 鍵執行分行，再於 **常用** 索引標籤選按 **貼上**。

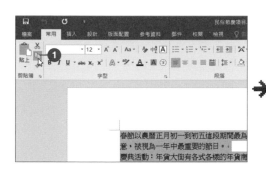 

03 參考右圖 (圈選處)，於每個英文語句的最前方按 Enter 鍵執行分段動作，再於每個節日文句後方按 Shift + Enter 鍵加上分行效果。

等，讓民眾方便採購，過個好年。

2.Lantern Festival 元宵節
農曆 1 月 15 日是元宵節稱為「小過年」，元宵節全國各地張燈結綵熱鬧燈會慶元宵系列活動，包括燈會、放天燈…等慶祝儀式，現在已成為國客喜愛的節慶。
慶典活動：鹽水蜂炮是圍繞蜂炮的各類習俗，放炮就是帶有喜氣的活動

3.Dragon Boat Festival 端午節
端午節最普遍的習俗劃龍舟和吃粽子，據說早年屈原投江而死，人們為他，紛紛駕舟楫在江面來回找尋，此後逐漸演變成龍舟競渡。
慶典活動：龍舟錦標賽一艘艘美麗的龍舟，選手的實力演出，加上遊客鼓舞，展現了歲時節慶的歡樂氣氛。

4.Ghost's Festival 中元節
農曆 7 月俗稱「鬼月」，在傳統習俗中，農曆 7 月 1 日凌晨起，地府鬼門曆 7 月 29 日鬼門關的這段期間各地區為祈求消災解厄、諸事順利平安，大大小小的祭典。
慶典活動：宜蘭頭城搶孤表達對先民的追念，在農曆七月舉行搶孤儀式普渡孤魂和消災解厄。

5.Moon Festival, Mid-Autumn Festival 中秋節
中秋節重要的民間習俗有賞月、吃月餅、吃柚子…等。「吃柚子」的習俗「柚」與「佑」諧音，代表受月亮蔭佑之意。
慶典活動：烤肉是近來中秋節一定會舉行的活動，在月光下與家人朋友堂，也是一種團圓的象徵。

TIPS

貼上不同的格式

📋 **保持來源格式設定**：維持原有文字樣式設定不變更。

📋 **合併格式設定**：結合原有及貼上位置的設定變更文字樣式。

📋 **只保留文字**：依照貼上位置的設定變更文字樣式。

修改文字

輸入資料的過程中，難免會有文字打錯、字母拼錯的問題，透過簡單修正讓資料內容更為正確。

01 首先要把第一段標題文字中的 "節日" 更改為 "活動"，將滑鼠指標移至文字 "節" 左側，按滑鼠左鍵不放，由左至右拖曳選取 "節日" 文字，直接輸入「活動」文字。

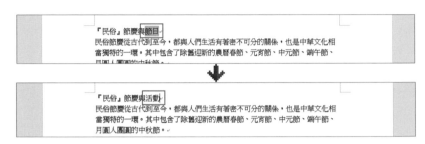

02 接著要校正文件內錯誤的英文字，將 "Niw" 改為 "New "，於 ".. Niw ..." 單字上按一下滑鼠右鍵，選按快顯功能表中正確的文字。

03 再來要校正文件內錯誤的中文字，將 "元消節" 改為 "元宵節"，於 "..元消節" 文字上選取錯字 "消"，更改為「宵」。

TIPS

開啟自動拼字與文法檢查功能

若是無法看到單字下方的紅色曲線，可以於 **檔案** 索引標籤選按 **選項** 鈕開啟對話方塊，在 **校訂 \ 在 Word 中修正拼字及文法錯誤時** 選項，核選 **自動拼字檢查** 與 **自動標記文法錯誤** 二個項目。

刪除與復原文字

若要刪除目前輸入線右側或左側的文字，可運用 Del 或 Backspace 鍵練習刪除範例文字。

01 在第一段標題文字中按一下滑鼠左鍵，然後將輸入線移至 "與" 前方，按三下 Del 鍵，刪除輸入線右側 "與活動" 文字。

02 將輸入線移至 "慶" 後方，按二下 Backspace 鍵，刪除輸入線左側 "節慶" 文字。

03 編輯文件時，對之前的操作動作有疑慮或是後悔時，可以選按 **快速存取工具列** 的 **復原** 鈕與 **取消復原** 鈕取消前一次或多次的動作。(這裡恢復前面刪除標題文字的動作)

按一下可復原一次步驟

選按 ▼ 清單鈕，透過復原清單可以一次復原多個步驟

運用滑鼠選取資料範圍的方法

在文件編輯的過程中若要做清除、複製、搬移...等操作，都要先選取資料範圍，在此提供幾個快速選取範圍的方法，讓製作文件更加輕鬆。

選取方式	操作方法
單一字元 『民俗』節慶與活動	在欲選取字元位置上，按滑鼠左鍵不放拖曳。
字串 『民俗』節慶與活動	在首位按一下滑鼠左鍵，再按 Shift 鍵不放，最後至末位按一下滑鼠左鍵選取整個字串；或直接拖曳滑鼠由首位至末位選取範圍。
一行 『民俗』節慶與活動	將滑鼠指標移至編輯區 (工作區) 左側的選取區，呈 狀，按一下滑鼠左鍵選取一行。
選取多行 『民俗』 民俗節慶從古代到至今，都與人們生活有著密不可分當獨特的一環。其中包含了除舊迎新的農曆春節、元	將滑鼠指標移至編輯區左側的選取區，呈 狀，按滑鼠左鍵不放，往下拖曳至要選取的行數，再放開。
選取區塊 民俗節慶從古代到至今，都與人們生活有著密不可分的關當獨特的一環。其中包含了除舊迎新的農曆春節、元宵節月圓人團圓的中秋節。	按 Alt 鍵不放，拖曳滑鼠選取所需要的區塊。
不連續字元 『民俗』 民俗節慶從古代到至今，都與人們生活有著密不可分的關係，也當獨特的一環。其中包含了除舊迎新的農曆春節、元宵節、中元月圓人團圓的中秋節。	按 Ctrl 鍵不放，拖曳滑鼠選取需要的字元範圍。
該句子 『民俗』 民俗節慶從古代到至今，都與人們生活有著密不可分的關係，也當獨特的一環。其中包含了除舊迎新的農曆春節、元宵節、中元月圓人團圓的中秋節。	在文件中按 Ctrl 鍵不放，按一下滑鼠左鍵即可選取該句子。其中中文以「。」為句子分隔點，而英文以「.」為句子分隔點。

選取方式	操作方法
整份文件 『民俗』 民俗節慶從古代到今，都與人們生活有著密不可分的關係，也當獨特的一環。其中包含了除舊迎新的農曆春節、元宵節、中元月圓人團圓的中秋節。	按 Ctrl 鍵不放，拖曳滑鼠選取需要的字元範圍。
整個段落 當獨特的一環。其中包含了除舊迎新的農曆春節、元宵節、中元月圓人團圓的中秋節。 Chinese (lunar) New Year 農曆春節。 春節以農曆正月初一到初五這段期間最為濃厚，俗稱「過年」，有意，被視為一年中最重要的節日。	在文件中按 Ctrl 鍵不放，按一下滑鼠左鍵即可選取該句子。中文以「。」為句子分隔點；英文以「.」為句子分隔點。

搬移資料

Word 中建置的資料，常可能因為內容調整，必須來個 "乾坤大挪移"，以下我們運用三個方式搬移資料。

1. 運用滑鼠拖曳：選取欲複製資料後，將滑鼠指標移至選取的文字上，呈 ▨ 狀，按滑鼠左鍵不放，拖曳至合適的位置上擺放。

2. 運用工具按鈕：適用於較遠距離、大範圍或不同檔案的搬移。

◀ 選取欲複製的資料後，於 **常用** 索引標籤選按 **剪下**，接著將輸入線移至目的位置按一下滑鼠左鍵，於 **常用** 索引標籤選按 **貼上** 清單鈕 \ 保留來源格式設定。

3. 運用快顯功能表

◀ 選取欲複製的資料後，按一下滑鼠右鍵選按 **剪下**，接著將輸入線移至目的位置按一下滑鼠左鍵，於 **常用** 索引標籤選按 **貼上** 清單鈕 \ 保留來源格式設定。

2.2 插入符號與日期時間

本節將介紹一般文件中，常插入的日期時間及特殊符號，讓文件建置的基礎功夫更為紮實。

加入特殊符號

Word 提供的符號功能，除了可以插入一般的標點符號外，想要在文件中運用一些特殊符號時，可以透過以下方式，讓您輕鬆於文件中插入更多符號。

01 將輸入線移至 "Chinese (Lunar)..." 文字前方，於 **插入** 索引標籤選按 **符號 \ 其他符號** 開啟對話方塊。

02 設定 **字型：拉丁文字、子集合：什錦符號**，選按 ❶ 符號，按 **插入** 鈕完成符號的插入。

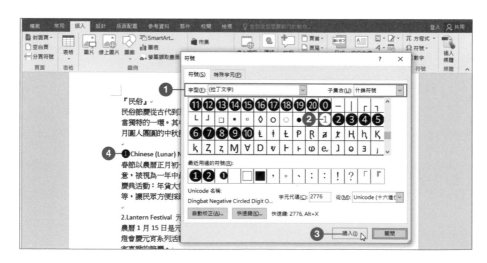

03 選取文字 "2."，選按 ❷ 符號，再按 **插入** 鈕。

04 依相同方法，將文件中 "3."、"4." 與 "5." 分別調整為 ❸、❹、❺ 符號，最後按 **關閉** 鈕結束設定。

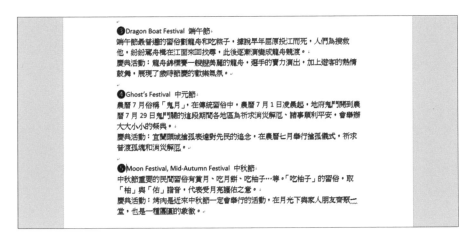

─ⓉⒾⓅⓈ─

運用 "編號" 功能為段落編號

除了以手工方式，於指定位置一一加上數字特殊符號予以編號外，也可以於 **常用** 索引標籤透過 **編號** 功能完成這樣的效果。(相關操作參考第四章)

資 訊 補 給 站

設定符號快速鍵

常用的符號如果每次都要打開對話方塊再一一加入會花費許多時間，可以將幾個較常使用的符號設定快速鍵，讓工作更省時方便。

01 於 **插入** 索引標籤選按 **符號 \ 其他符號** 開啟對話方塊，先選擇常用的符號，再按 **快速鍵** 鈕開啟對話方塊設定。

02 於 **按新設定的快速鍵** 欄位按一下滑鼠左鍵，再按欲指定的快速鍵 (此例是按 Alt + Ctrl + ↓ 鍵)，欄位中就會自動出現按鍵代表的文字，此時按 **指定** 鈕，完成後就可以在 **現用代表鍵** 項目中看到 Alt + Ctrl + ↓ 鍵，最後按 **關閉** 鈕。

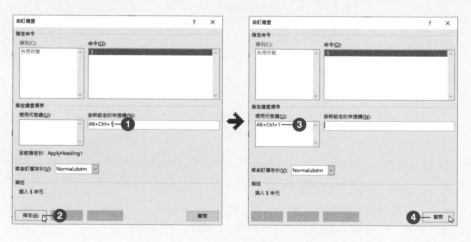

輸入全形空白

文件在編輯時，常會因為使用 Enter 鍵、Space 鍵或 Shift + Enter 鍵而顯示相關的編輯標記，這個編輯標記不但在列印時不會印出，還可以藉此分辨文章中插入的是段落、分行或空白。

以下是常見的四種編輯標記及其意義：

編輯標記	操作方法
↵ 段落標記	按一下 Enter 鍵會產生此標記，即代表一個段落的結束；而開始的新段落，會沿用原段落中的格式設定。
↓ 強迫分行	在相同段落下，若要建立新的一行時，可以按 Shift + Enter 鍵進行強迫分行的動作。
→ 定位字元	當設定某個字元要跳到其定位點位置時，請按 Tab 鍵，文件中便會出現此編輯標記。
□ . . . 空白字元	白色小方塊為全形的空白字元；而小黑點則是半形的空白字元。

為了更有效掌握文件呈現的狀態，非常建議在處理文件時，能夠顯示相關編輯符號。

01 於 **常用** 索引標籤選按 **顯示/隱藏編輯標記**，開啟符號顯示模式 (按一下為顯示，再按一下為隱藏)。

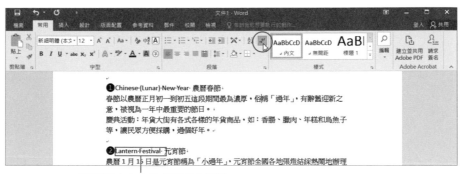

可看到文字中的半形空白符號。

02 於右下角 **語言工具列** 中 上按一下滑鼠右鍵，選按 **字寬切換 \ 全形**。

03 將輸入線移至 ❶ 符號右側，按 Space 鍵加入一個全形空白。

❶ □Chinese (Lunar) New Year. 農曆春節.
春節以農曆正月初一到初五這段期間最為濃厚，俗稱「過年」，有辭舊迎新之
意，被視為一年中最重要的節日。
慶典活動：年貨大街有各式各樣的年貨商品，如：香腸、臘肉、年糕和烏魚子
等，讓民眾方便採購，過個好年。

04 依相同方法，為 ❷、❸、❹、❺ 符號右側均加入一個 "全形" 空白字元。

❷ □Lantern Festival. 元宵節.
農曆 1 月 15 日是元宵節稱為「小過年」，元宵節全國各地張燈結綵熱鬧地辦理
燈會慶元宵系列活動，包括燈會、放天燈…等慶祝儀式，現在已成為國際觀光
客喜愛的節慶。
慶典活動：鹽水蜂炮是圍繞鞭炮的各類習俗，放炮就是帶有喜氣的活動。

❸ □Dragon Boat Festival. 端午節.
端午節最普遍的習俗劃龍舟和吃粽子，據說早年屈原投江而死，人們為搜救
他，紛紛駕小橈在江面來回找尋，此後逐漸演變成龍舟競渡。
慶典活動：龍舟錦標賽一艘艘美麗的龍舟，選手的實力演出，加上遊客的熱情
鼓舞，展現了歲時節慶的歡樂氣氛。

❹ □Ghost's Festival. 中元節.
農曆 7 月俗稱「鬼月」，在傳統習俗中，農曆 7 月 1 日凌晨起，地府鬼門開到農
曆 7 月 29 日鬼門關的這段期間各地區為祈求消災解厄、諸事順利平安，會舉辦
大大小小的祭典。
慶典活動：宜蘭頭城搶孤表達對先民的追念，在農曆七月舉行搶孤儀式，祈求
普渡孤魂和消災解厄。

❺ □Moon Festival, Mid-Autumn Festival. 中秋節.
中秋節重要的民間習俗有賞月、吃月餅、吃柚子…等。「吃柚子」的習俗，取

插入日期與時間

想要在文件上顯示日期與時間？不需要自己輸入，只要透過 Word 內建的多種日期格式，就可以依照目前的時間點輕鬆建立與自動更新！

01 將輸入線移至標題文字的最後方，於 **插入** 索引標籤選按 **日期及時間** 開啟對話方塊。

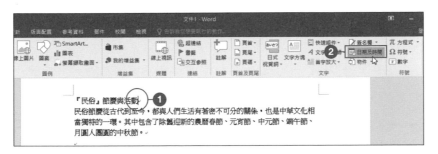

02 設定 **可用格式**、**語言：中文 (台灣)**、**月曆類型：西曆**，按 **確定** 鈕。

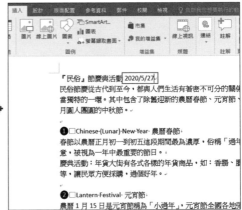

TIPS

日期時間顯示為全形及自動更新

在 **日期及時間** 對話方塊中的選項，如果需要全形字元或是自動更新的效果，可以在插入時核選該選項。

1. **使用全形字元**：當核選此項時，插入的日期與時間中的阿拉伯數字，會以全形字元表示。

2. **自動更新**：當核選此項時，所插入的日期與時間，會依照文件目前編輯的時間點，自動更新。

2.3 儲存檔案

辛苦完成的作品建議在輸入部分資料時就順手做儲存的動作，這樣才不會因為遇到像當機、停電、不小心按到重新開機鈕...等意外而流失資料。

另存新檔

當第一次存檔時，會開啟 **另存新檔** 對話方塊；若是第二次存檔，則不會出現對話方塊，而會依第一次儲存設定直接存檔。

01 於 **檔案** 索引標籤選按 **儲存檔案 \ 這部電腦** (或 **這台電腦**) **\ 瀏覽** 開啟對話方塊。

02 設定檔案儲存位置，檔案名稱預設則是會自動選取文件第一個句子作為檔名，當然也可以自行輸入新名稱，完成後按 **儲存** 鈕。

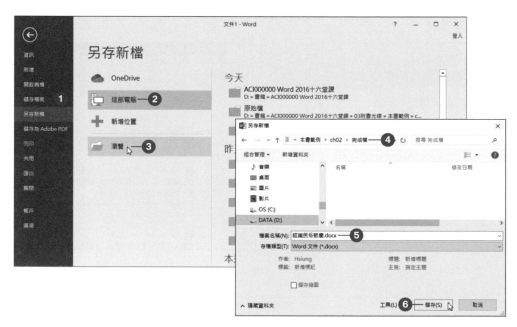

-TIPS-

儲存資料其他方法

可以於快速存取工具列上選按 🖫 **儲存檔案** 鈕或者選按快速鍵 [Ctrl] + [S] 鍵。

資 訊 補 給 站

將文件儲存 Word 97-2003 檔案類型

Word 2016 預設儲存的文件格式為 *.docx 格式，"x" 代表 XML，是一種經過壓縮的格式，可有效減少檔案大小。雖然這個檔案類型如此的優秀好用，但舊版 Office 軟體卻無法開啟此新格式檔案，所以為了不想造成舊版軟體使用者無法開啟檔案的窘況，以下二種方式可設定存檔類型：

1. 於 **另存新檔** 對話方塊，設定 **存檔類型：Word 97-2003 文件(*.doc)**，再進行儲存。

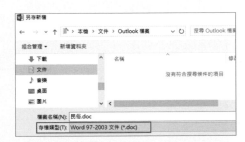

2. 或者於 **檔案** 索引標籤選按 **匯出 \ 變更檔案類型 \ Word 97-2003 文件(*.doc)**，再於下方按 **另存新檔** 鈕，一樣會開啟對話方塊進行儲存。

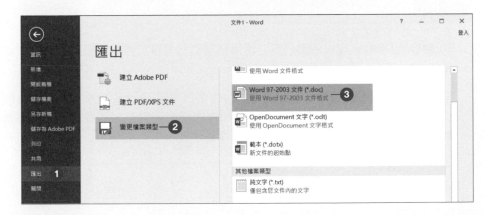

透過以上二個方式調整存檔類型後，當再度開啟此檔案時，會發現在文件的標題列多了「[相容模式]」文字，即表示這個檔案可以在舊版軟體開啟。

自動儲存與預設檔案位置

在文件編輯的過程中，過於聚精會神常會忘了要存檔，直到...當機那一刻才叫天不應的，貼心的 Word 提供了自動儲存的功能，而且檔案位置類型與儲存的頻率都可以自訂。

01 於 **檔案** 索引標籤選按 **選項** 開啟對話方塊。

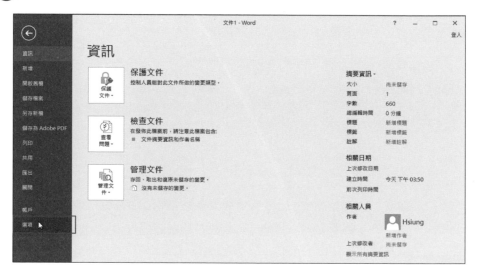

02 於 **儲存** 項目中，可以依照自己的使用習慣自訂儲存文件相關設定，完成設定後按 **確定** 鈕。

當核選 **儲存自動回復資訊時間間隔**，自行輸入希望 Word 文件每隔多久時間就會執行自動儲存的動作；倘若核選 **如果關閉而不儲存，則會保留上一個自動儲存版本**，則會在 Word 發生錯誤時保有自動儲存的檔案。

若想要調整 Word 預設檔案開啟與儲存位置 <使用者 \ 電腦名稱 \ 文件> 資料夾，可以透過 **預設本機檔案位置** 右側 **瀏覽** 鈕設定。

2.4 將檔案另存成 PDF 或 XPS 格式

生活中像是履歷表、合約、法律文件...等,因為它的性質特殊,所以常希望使用者在瀏覽或列印文件時,相關的版面、格式、內容能確保完整與不可變更性。

Word 提供了將檔案另存成 PDF 或 XPS 格式的功能。此種類型的檔案,不但可以固定版面格式,更可以達到輕鬆檢視、共用與列印功能,並限制修改,同時在網路上都可以輕易的找到檢視器。

認識 PDF 與 XPS 檔案格式

1. PDF (Portable Document Format):是一種開放式作為對外公告與內部資料流通的瀏覽文件規格,可以防止文件被竄改,其功能類似將文件拍成一張影像檔。

2. XPS (XML Paper Specification):是一種電子文件格式,不但可以固定版面配置、保存格式、享有檔案共用功能,更具有絕佳的機密性與安全性。

建立 PDF 或 XPS

Word 提供了內建的轉檔選項,透過直接選擇可以建立 PDF 或 XPS 二種檔案。

01 於 **檔案** 索引標籤選按 **匯出 \ 建立 PDF/XPS 文件**,再按 **建立 PDF/XPS** 開啟對話方塊。

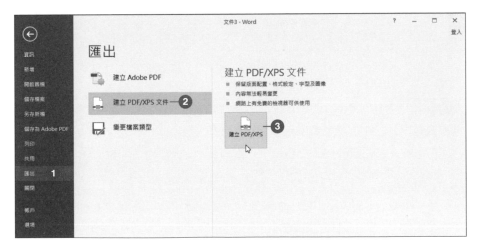

02 設定檔案儲存位置及名稱後，**存檔類型** 清單中可以選擇 **PDF(*.pdf)** 或 **XPS 文件(*.xps)** 檔案類型，此範例選擇 PDF 類型，然後按 **發佈** 鈕。

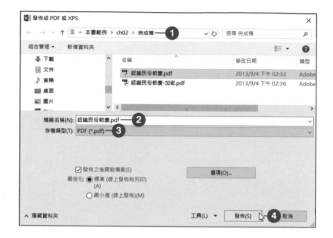

03 文件會以 PDF 格式呈現。

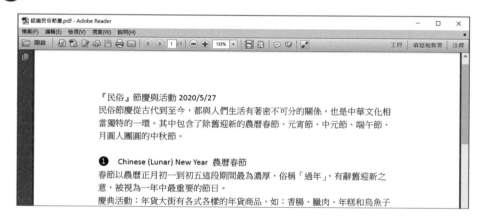

TIPS

PDF 與 XPS 檢視器免費下載網址

1. Acrobat Reader DC 檢視器：可直接於 Adobe 官方網站免下載，網址是 「http://get.adobe.com/tw/reader/」

2. XPS Viewer 檢視器：軟體名稱為 Microsoft .NET Framework，作業系統 Windows 8 中已內建，如果沒有，可以到 「http://www.microsoft.com/downloads/zh-tw/default.aspx」 網頁中搜尋關鍵字 「Framework」取得最新版本。

資 訊 補 給 站

為 PDF 檔案加密

當檔案在網路間傳來傳去，難免會有安全性的顧慮，在轉換檔案同時也可以進行安全性加密檔案的設定。

01 於 **發佈成 PDF 或 XPS** 對話方塊選按 **選項** 鈕開啟對話方塊，核選 **使用密碼將文件加密**，接著按 **確定** 鈕設定密碼。

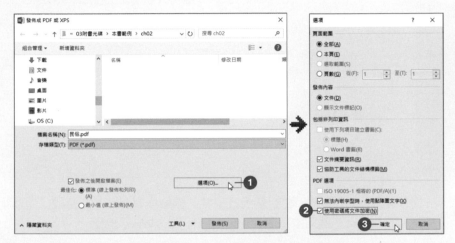

02 重複輸入二次密碼 (此範例為：123456) 後，按 **確定** 鈕，設定好檔案儲存位置及名稱後，再按 **發佈** 鈕即完成轉檔及加密動作。

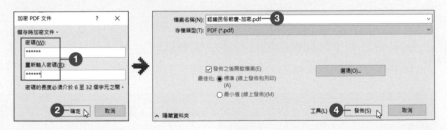

03 完成發佈後會自動開啟，同時也會提醒您此文件已被保護，開始前只需要輸入密碼 (此範例為：123456)，再按 **確定** 鈕即可開啟檔案。

2.5 使用 Word 開啟 PDF 檔案

不必透過 PDF 編輯軟體，Word 即能直接開啟 PDF 檔案，並且還可以像編輯一般 Word 文件一樣，進行修改與儲存的動作。

01 於 **檔案** 索引標籤選按 **開啟舊檔** (或 **開啟**) \ **這部電腦** (或 **這台電腦**) \ **瀏覽** 開啟對話方塊，選取檔案儲存位置與欲開啟的檔案，按 **開啟** 鈕。

02 於提示的對話方塊，按 **確定** 鈕進行轉換，但轉換會花費一些時間，轉換後的檔案與原始檔案版面可能不盡相同，可自行再於 Word 調整。

03 轉換後就能進行編輯的動作，完成編輯就可將檔案另存成 PDF 或者其他格式。

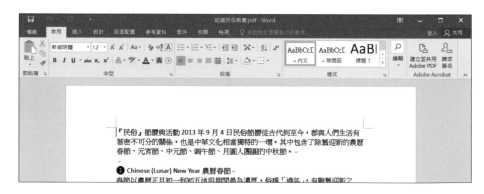

延伸練習

實作題

依如下提示完成 "旅遊滿意度問卷表" 作品。

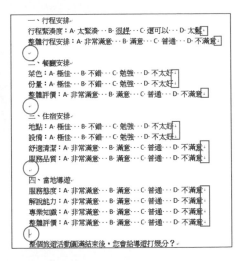

1. 開啟延伸練習原始檔 <旅遊滿意度問卷表.docx>，這份問卷表文字已輸入完成，請在 "一、行程安排" ～ "四、當地導遊" 前方分別按 [Enter] 鍵分段，接著參考右圖紅色圈選部分，分別選取原有的 ↵ 符號，直接按 [Shift] + [Enter] 鍵，執行強迫分行的動作。

2. 分別在 "行程安排"、"餐廳安排"、"住宿安排" 與 "當地導遊" 文字前後加上 "【】" 符號。

3. 選取 "一、行程安排" 中的 A、B、C、D，然後透過 **插入** 索引標籤 **符號 \ 其他符號** 功能替換為 □ 符號，另外 "餐廳安排"、 "住宿安排" 與 "當地導遊" 中則透過複製與貼上功能完成。

4. 在 "菜色"、 "份量"、 "地點" 與 "設備" 文字間插入二個全形空白鍵。

一、【行程安排】
行程緊湊度：□ 太緊湊　□ 很趕　□ 還可以　□ 太鬆
整體行程安排：□ 非常滿意　□ 滿意　□ 普通　□ 不滿意

二、【餐廳安排】
菜□□色：□ 極佳　□ 不錯　□ 勉強　□ 不太好
份□□量：□ 極佳　□ 不錯　□ 勉強　□ 不太好
整體評價：□ 非常滿意　□ 滿意　□ 普通　□ 不滿意

三、【住宿安排】
地□□點：□ 極佳　□ 不錯　□ 勉強　□ 不太好
設□□備：□ 極佳　□ 不錯　□ 勉強　□ 不太好
舒適清潔：□ 非常滿意　□ 滿意　□ 普通　□ 不滿意
服務品質：□ 非常滿意　□ 滿意　□ 普通　□ 不滿意

四、【當地導遊】
服務態度：□ 非常滿意　□ 滿意　□ 普通　□ 不滿意
解說能力：□ 非常滿意　□ 滿意　□ 普通　□ 不滿意
專業知識：□ 非常滿意　□ 滿意　□ 普通　□ 不滿意
整體評價：□ 非常滿意　□ 滿意　□ 普通　□ 不滿意

整個旅遊活動圓滿結束後，您會給導遊打幾分？

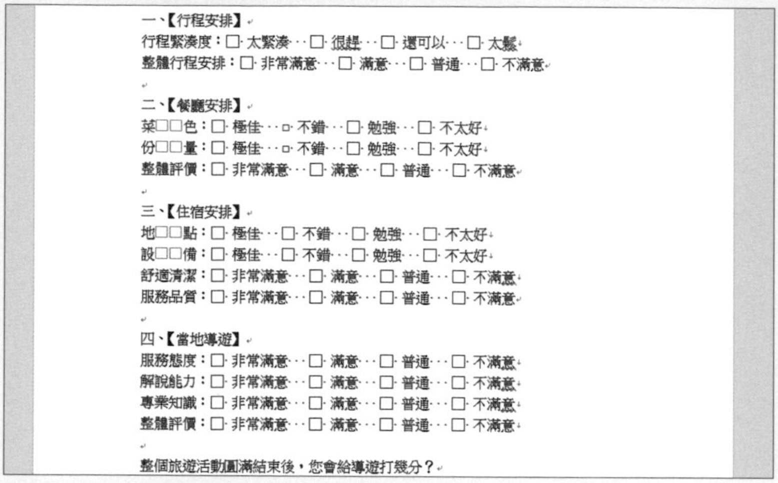

5. 參考下圖，為問卷表的內容加上底線。

旅遊滿意度問卷表
親愛的顧客，非常感謝您參加快樂旅遊此次的旅遊行程，非常榮幸為您服務，為了能夠提供更好的旅程服務，在此藉由這份問卷了解您對於此次旅遊行程的滿意度以及任何寶貴的意見，以激勵我們能更進步。
團號：　　　導遊姓名：
顧客姓名：　　　電話：　　　E-MAIL：

一、【行程安排】
行程緊湊度：□ 太緊湊　□ 很趕　□ 還可以　□ 太鬆
整體行程安排：□ 非常滿意　□ 滿意　□ 普通　□ 不滿意

A 90～100 分　B 80～89 分　C 70～79 分　D 不及格

您給快樂旅遊的其他建議：

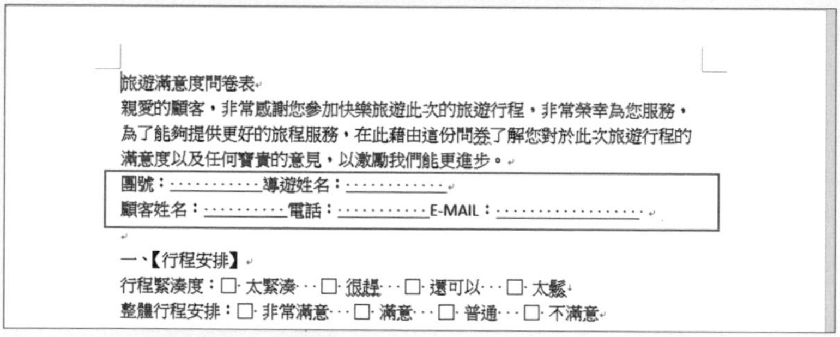

6. 最後儲存檔案後，再於 **檔案** 索引標籤選按 **匯出 \ 建立 PDF/XPS 文件**，將檔案轉為 PDF 的文件。

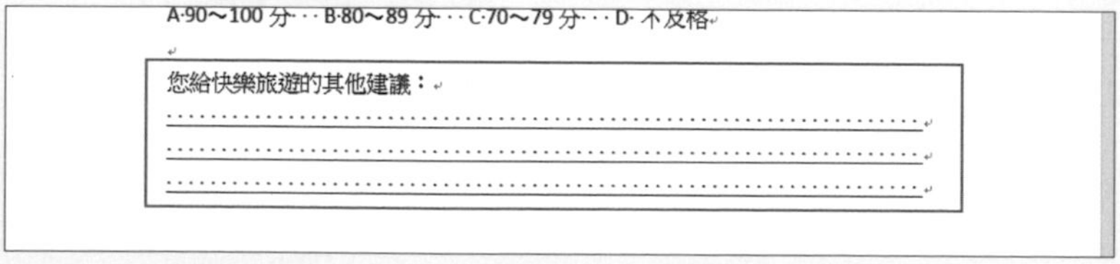

03

圖書介紹
美化文字外觀

文字格式・字元間距
首字放大・字元框線
醒目提示・視覺效果設計

本章主要透過字型格式、最適文字大小、醒目提示...等功能，運用常用的文字編輯技巧，讓一份單純的文件改頭換面，方便易讀。

夏綠蒂遊莫內花園

本 書 作 者：	瓊安·奈特
本 書 繪 者：	梅麗莎·斯威特
本 書 譯 者：	陳佳利
出 版 社：	典藏藝術家庭

得 獎 紀 錄：
❖ 《中國時報》開卷版 2008 啟蒙假期推薦
❖ 2008 誠品書店年度兒童圖畫書暢銷榜 TOP 10、《誠品好讀》推薦書
❖ 新聞局第 31 次推介中小學生優良課外讀物

內 容 簡 介：
有　一位美國小女孩夏綠蒂隨家人搭船來到法國著名的藝術家聚落——吉維尼村，當時許多畫家和她的爸爸一樣，為了學習印象派的新畫法，從世界各地蜂擁而來。她很快就迷上了新環境，交了新朋友、整理自己的菜園、學法語、做法國菜，甚至還參加了大畫家莫內女兒的婚禮。夏綠蒂把這段多彩多姿，如詩如畫的生活經驗，都記錄在這本可愛的日記中。
尤其是書中充滿著細膩迷人的水彩插畫，栩栩如生的實物拼貼，還焦欣賞到十多幅被收藏於美國藝術博物館中，美國印象派畫家代表畫作，全書交織出一種賞心悅目又獨特的閱讀氛圍。書後還列出主要畫家的生平，勾勒出那個時代的藝術人文樣貌。(摘自本書介紹)

買 書 緣 起：
阿公帶著小孫女走進童書部，門口就擺放這本編輯推薦的好書，一看就喜歡的圖文並茂的書籍，毫不猶豫的「先買先贏」，這是一本全家都可閱讀的圖文書。

購書地點：博客書店
資料整理：{ 熊小誠 \ 王小樺 }

⊕ 開啟舊檔	⊕ 段落文字首字放大	⊕ 並列文字
⊕ 字型格式	⊕ 字元框線	⊕ 最適文字大小
⊕ 調整字元間距	⊕ 文字醒目提示	⊕ 文字視覺效果設計

原始檔：<本書範例 \ ch03 \ 原始檔 \ 圖書介紹.docx>
完成檔：<本書範例 \ ch03 \ 完成檔 \ 圖書介紹.docx>

3.1 開啟舊檔

要熟悉 Word 基本編輯技巧之前，首先開啟預先製作好的範例原始檔，再接著編輯檔案。

01 於 **檔案** 索引標籤選按 **開啟舊檔** (或 **開啟**) \ **這部電腦** (或 **這台電腦**) \ **瀏覽** 開啟對話方塊。

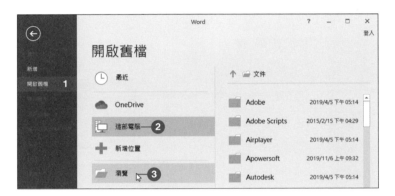

02 選取檔案儲存位置與欲開啟的檔案，在此選按範例原始檔 <圖書介紹.docx>，按 **開啟** 鈕。

TIPS

切換其他的檔案

若是同時開啟很多檔案，但要切換至其他的檔案內容時，可以於 **檢視** 索引標籤選按 **切換視窗**，清單中選擇切換的檔案。

開啟最近編輯過的檔案

如果想要開啟最近編輯過的檔案，卻忘記儲存的位置，可以於 **檔案** 索引標籤選按 **開啟舊檔** (或 **開啟**) \ **最近** 清單中會列出最近編輯過的檔案，預設會列出 20 筆曾經編輯的檔案。

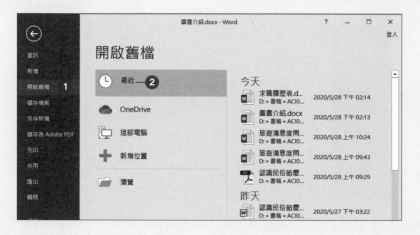

若是希望常編輯的檔案，不會因為開啟其他的檔案而被擠下清單，可以將它固定在 **已固定** (或 **已釘選**) 清單中，並會排列在最上方。

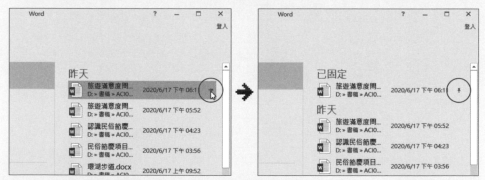

▲ 在檔名右側 鈕按一下滑鼠左鍵，即可將檔案固定在清單中，並呈 狀。

自訂曾經開啟的檔案清單數

預設 20 筆 **最近** 檔案清單太多時，想要更改曾經使用過檔案清單數量，可以於 **選項** 中設定。

01 於 **檔案** 索引標籤選按 **選項** 開啟對話方塊。

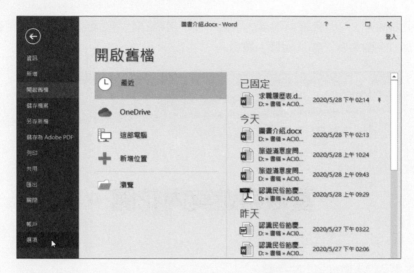

02 於 **進階** 項目中 **顯示在 [最近的文件] 之文件數**，輸入希望瀏覽的檔案清單數量，按 **確定** 鈕。

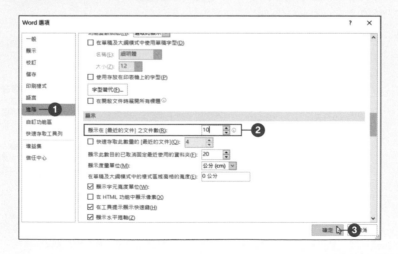

3.2 文字格式套用

運用 **常用** 索引標籤可調整文字的字型、大小、色彩、間距、對齊位置與其他特殊格式設定，集合了一般文書處理中經常使用的功能，讓操作更加方便。

字型格式

01 選取標題文字 "夏綠蒂遊莫內花園"，於 **常用** 索引標籤設定 **字型：華康中圓體**、**字型大小：40**、**粗體**、**置中**。

02 先選取 "本書作者" 文字標題，接著按 **Ctrl** 鍵不放選取其他六項文字標題，於 **常用** 索引標籤設定 **字型：華康中圓體**、**字型大小：12**。

本書作者：瓊安‧奈特‧
本書繪者：梅麗莎‧斯威特‧
本書譯者：陳佳利‧
出版社：典藏藝術家庭‧

得獎紀錄：‧
◇ 《中國時報》開卷版 2008 啟蒙假期推薦‧
◇ 2008 誠品書店年度兒童圖畫書暢銷榜 TOP 10、《誠品好讀》推薦書‧
◇ 新聞局第 31 次推介中小學生優良課外讀物‧

內容簡介：‧
有一位美國小女孩夏綠蒂跟著家人搭船來到法國著名的藝術家聚落⸺吉維尼村，當時許多畫家和她的爸爸一樣，為了學習印象派的新畫法，從世界各地蜂擁而來。她很快就迷上了新環境，交了新朋友、整理自己的菜園、學法語、做法國菜，甚至還參加了大畫家莫內女兒的婚禮。夏綠蒂把這段多彩多姿，如詩如畫的生活經驗，都記錄在這本可愛的日記中。‧
尤其是書中充滿著細膩迷人的水彩插畫，栩栩如生的實物拼貼，還能欣賞到十多幅被收藏於美國藝術博物館中，美國印象派畫家代表畫作，全書交織出一種賞心悅目又獨特的閱讀氛圍。書後還列出主要畫家的生平，勾勒出那個時代的藝術人文樣貌。(摘自本書介紹)‧

買書緣起：‧
阿公帶著小孫女走進童書部，門口就擺放這本編輯推薦的好書，一看就喜歡的圖文並茂的書籍，毫不猶豫的「先買先贏」，這是一本全家都可閱讀的圖文書。‧

03 在文件空白處按一下滑鼠左鍵取消原有的選取範圍,先選取 "購書地點",
再按 Ctrl 鍵不放選取 "資料整理" 文字,於 **常用** 索引標籤設定 **字型色
彩:紅色、粗體**。

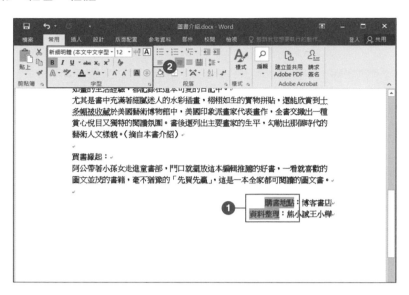

TIPS

運用字型對話方塊設定字型格式

文字格式除了選按 **常用** 索引標籤各字型格式鈕套用外,還可以選按 **字型** 對話方
塊啟動器,於 **字型** 對話方塊中擁有更多且全方位的字型格式設定功能。

調整字元間距

字元間距 是指文字與文字間的距離，在此要加寬七項文字的標題間距。

01 先選取 "本書作者" 文字標題，接著按 Ctrl 鍵不放一一選取其他六項文字標題，於 **常用** 索引標籤選按 **字型** 對話方塊啟動器開啟對話方塊。

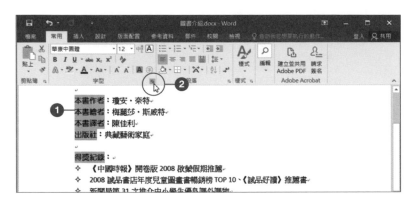

02 於 **進階** 標籤設定 **間距：加寬**、**點數設定：2 點**，按 **確定** 鈕。

03 在文件空白處按一下取消原有的選取範圍，會發現已加寬文字標題的字元間距。

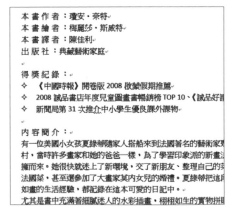

段落文字首字放大

首字放大 通常在報紙和雜誌版面會看到，也適合用於 Word 段落文字效果，第一個文字會以文字方塊物件的方式呈現，再以文繞圖方式讓文字物件與段落結合在一起。

01 將輸入線移至 "內容簡介" 文字標題下方的段落上，於 **插入** 索引標籤選按 **首字放大 \ 首字放大選項** 開啟對話方塊。

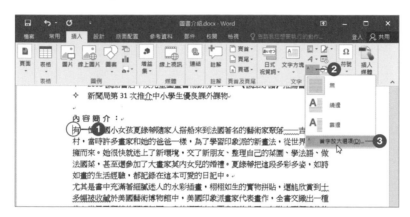

02 設定 **位置：繞邊、放大高度：2、與文字距離：0.2 公分**，按 **確定** 鈕就完成首字放大的設計。

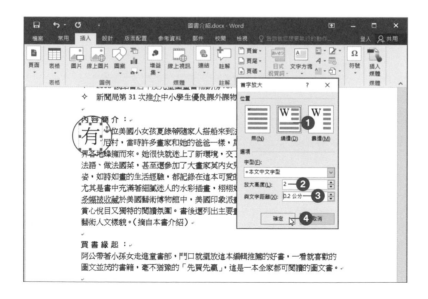

字元框線

字元框線 可以區隔文件中欲突顯的資料，強調其重要性，但是此功能只能加上細框線，並不能調整框線的粗細與顏色。

01 先選取 "本書作者" 文字標題，接著按 Ctrl 鍵不放一一選取其他六項文字標題，於 **常用** 索引標籤選按 **字元框線**。

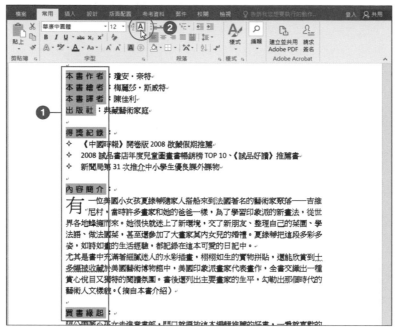

02 在文件空白處按一下取消原有的選取範圍，調整後可以看到七個文字標題內容已套用字元框線。

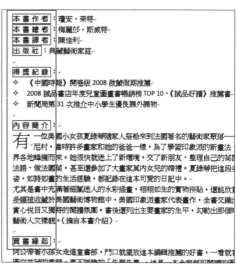

文字醒目提示

文字醒目提示色彩 就像在課本上重點處畫上螢光筆的效果，作為標示重點的功用，以便在文件中快速瀏覽重要內容。

01 先選取 "本書作者" 文字標題，接著按 Ctrl 鍵不放選取其他六項文字標題。

02 於 **常用** 索引標籤選按 **文字醒目提示色彩** 清單鈕 \ **黃色**，完成套用。

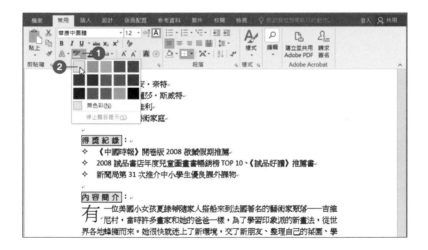

TIPS

移除醒目提示色彩

選取加入醒目提示色彩的範圍後，於 **常用** 索引標籤選按 **文字醒目提示色彩** 清單鈕 \ **無色彩** 即可移除。

圍繞字元、注音標示文字格式

除了目前練習的文字格式，還可設計出文件圍繞字元、加上注音...等常見特殊格式，其操作的方式大同小異，均需先選取要套用的文字範圍後再選按格式功能套用。

圍繞字元 可以設定的符號圍繞文字，以強調此文字其重要性 (此功能一次只能執行一個文字)。

於 **常用** 索引標籤選按 **圍繞字元**，可開啟相關對話方塊設定。

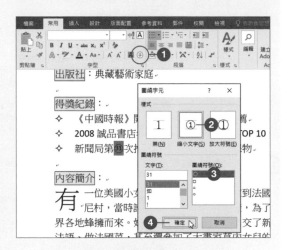

注音標示 可為文字標示上注音 (此功能一次只能執行一個段落)。

於 **常用** 索引標籤選按 **注音標示**，可開啟相關對話方塊設定。

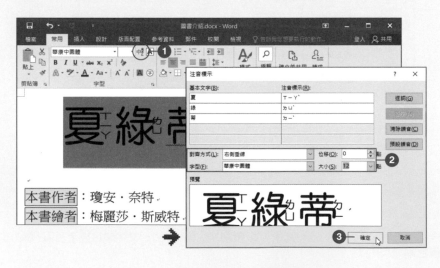

3.3 亞洲方式配置

在編輯文件中會常碰到文字必須調整組排、並列或者要設定橫向文字，這時可以運用 **亞洲方式配置** 功能設定。

並列文字

並列文字 將文字以並排兩行方式顯示，也可以依需求在文字前後加上括弧，例如：()、{}...等，設定此樣式不會影響行高，但文字會被縮小，需再調整文字大小。

01 選取文件右下角 "熊小誠王小樺" 文字，於 **常用** 索引標籤選按 **亞洲方式配置 \ 並列文字** 開啟對話方塊。

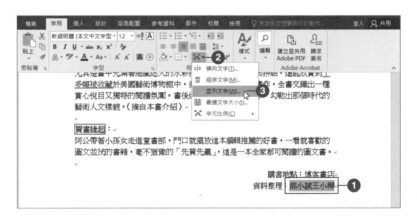

02 核選 **以括弧括住**、設定 **括弧樣式：{}**，按 **確定** 鈕。

03 設定後文字會縮小，選取並列文字後於 **常用** 索引標籤設定 **字型大小：20** 完成設定。

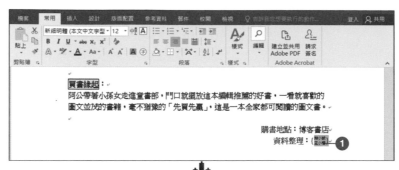

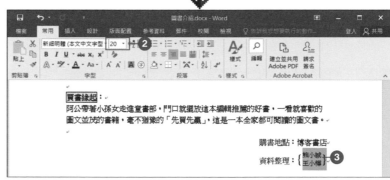

TIPS

取消並列文字設定

若要移除並列文字的設定，將輸入線移至並列文字上，於 **常用** 索引標籤選按 **亞洲方式配置 \ 並列文字**，在開啟對話方塊按 **移除** 鈕。

最適文字大小

若是在文件中標題文字只有三個字，但希望能與四個字的標題等寬時，可以利用 **最適文字大小** 功能調整，在此要將七項文字標題的間距調整等寬。

01 先選取 "本書作者" 文字標題，接著按 Ctrl 鍵不放選取其他六項文字標題，於 **常用** 索引標籤選按 **亞洲方式配置 \ 最適文字大小** 開啟對話方塊。

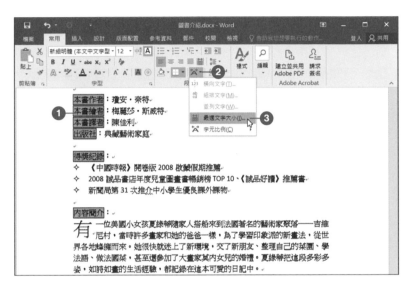

02 設定 **新文字寬度**：「6 字元」，按 **確定** 鈕會將選取的字元統一變寬，最明顯的地方在於 "出版社" 文字標題經過調整後與其他文字標題同寬。

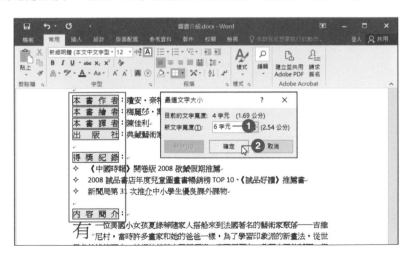

資訊補給站

橫向文字的設定

是否有遇過在直式文件中輸入英文、數字以及日期...等文字，無法跟中文文字一樣以直式方式顯示，這時就可以運用 **橫向文字** 功能解除這樣的問題。

01 選取欲設定的數字，於 **常用** 索引標籤選按 **亞洲方式配置 \ 橫向文字** 開啟對話方塊。

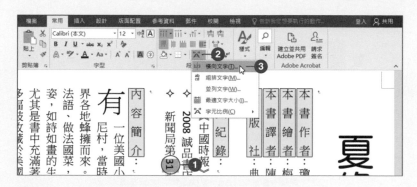

02 於 **預覽** 確認橫向效果後，按 **確定** 鈕。

核選 **調整於一行**，是將選取文字編排於一行，如果要變更為橫向的文字數量很多，為避免文字擠在同一行，不易閱讀，建議取消核選此選項。

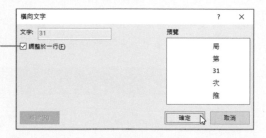

03 設定後即可看到數字變更為橫向，但此功能一次只能變更一組數字。

3.4 文字視覺效果設計

除了為圖片設定陰影、光暈...等效果外,相同的設計一樣可以套用在文字上,讓文件整體的視覺效果更為豐富。

01 選取標題文字 "夏綠蒂遊莫內花園",於 **常用** 索引標籤選按 **文字效果** 選擇合適的文字樣式 (本範例套用 **填滿 - 白色, 外框 - 輔色2, 強烈陰影 - 輔色2** 項目),如此標題文字就有橘色外框立體字的質感。

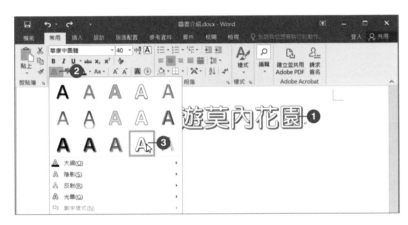

02 接下來為標題文字套用 **陰影** 效果,於 **常用** 索引標籤選按 **文字效果 \ 陰影**選擇合適的陰影效果。(本範例套用 **右下方對角位移** 項目)

自訂或更改文字效果

Word 除了預設的文字樣式可套用，還可以設定 **大綱** (或 **外框**)、**反射** 與 **光暈** 的樣式，讓文字有更多的變化。

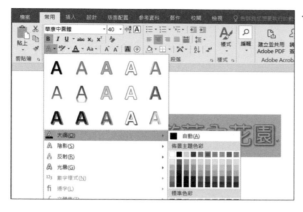

◀ **大綱** (或 **外框**) **樣式**：可指定文字色彩、外框色彩、寬度與虛線樣式。

◀ **反射** 樣式。

◀ **光暈** 樣式。

範例的最後，可以為文件下方插入一張圖片，讓此份文件呈現更加完美！

01 將輸入線移至 "資料整理" 該段文字的最後方，於 **插入** 索引標籤選按 **圖片** (或 **圖片 \ 此裝置**) 開啟對話方塊。

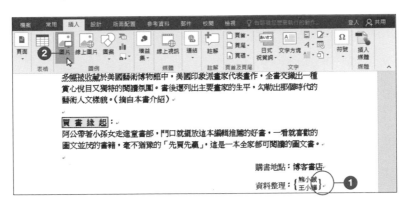

02 開啟範例原始檔 <花園.JPG> 圖檔，按 **插入** 鈕，再調整合適的大小與擺放位置。(相關圖片的操作與設定請參考第六章)

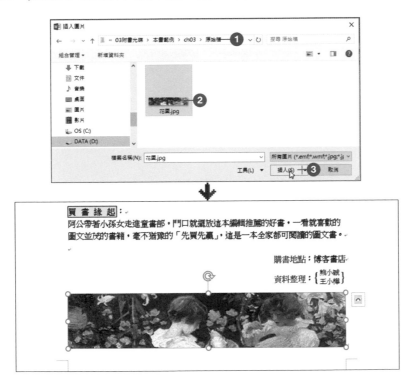

實作題

依如下提示完成 "旅遊宣傳單" 作品。

1. 開啟延伸練習原始檔 <旅遊宣傳單.docx>，首先要將二個文字項目加上醒目色彩，利用 Ctrl 鍵選取 "旅遊特色"、"旅遊內容" 文字，於 **常用** 索引標籤設定 **字型大小：14**；選按 **文字醒目提示色彩 \ 亮綠色**。

2. 選取 "注意事項：" 文字，於 **常用** 索引標籤設定 **字型色彩：紅色、粗體、斜體**，再選按 **字元框線** 加上字元框線效果。

3. 將輸入線移至 "旅遊特色" 文字項目的下方段落，於 **插入** 索引標籤選按 **首字放大 \ 首字放大選項** 開啟對話方塊，設定 **位置：繞邊、放大高度：2、與文字距離：0.2 公分**，按 **確定** 鈕，加入首字放大的設計。

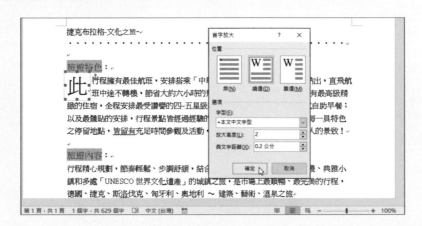

4. 依相同方式，為 "旅遊內容" 文字項目下方內文 "行" 字設定首字放大的效果。

5. 選取 "捷克布拉格-文化之旅-" 標題文字，於 **常用** 索引標籤選按 **亞洲方式配置 \ 並列文字**，依預設值直接套用並列效果。

6. 再次選取標題文字後，於 **常用** 索引標籤設定 **字型：華康中圓體、字型大小：80、置中**，並套用合適文字效果。

7. 最後為標題文字加寬字距，於 **常用** 索引標籤選按 **字型** 對話方塊啟動器，在 **進階** 標籤設定 **間距：加寬、點數設定：6 點**，儲存檔案即完成此範例。

NOTE

04

活動企劃書
段落格式設定

編號・項目符號

複製格式・段落格式・縮排

段落間距・定位點

框線及網底

文件編排最重要是段落編輯技巧，調整合適的段落樣式，再加上編號、定位點與其他各項設定，讓文件呈現更加靈活好閱讀。

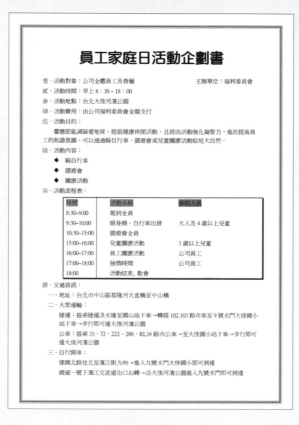

➕ 為段落加上編號	➕ 為段落設定首行縮排	➕ 設定定位點
➕ 取消編號設定	➕ 左邊縮排的設定	➕ 微調與移除定位點
➕ 複製格式	➕ 透過尺規進行縮排	➕ 為文字加上網底
➕ 加上項目符號	➕ 變更行高與行距	➕ 為文字加上框線
➕ 自訂項目符號格式	➕ 調整段落的間距	➕ 頁面框線的套用
➕ 段落文字對齊	➕ 認識定位點按鈕	

原始檔：<本書範例 \ ch04 \ 原始檔 \ 員工活動企劃書.docx>
完成檔：<本書範例 \ ch04 \ 完成檔 \ 員工活動企劃書.docx>

運用編號與項目符號

4.1

編號與項目符號的主要功能是讓文章看起來更井然有序，方便瀏覽者可以馬上掌握重點。

設定編號

透過 **編號** 功能，以預設狀態 1、2、3...等數字編號方式自動為每個段落開頭加上數字予以排列。

01 開啟範例原始檔 <員工活動企劃書.docx>，選取要加上編號的五段內容。

02 於 **常用** 索引標籤選按 **編號** 清單鈕 \ 壹、貳、參。

─TIPS─

取消編號的設定

選取要取消編號的段落，於 **常用** 索引標籤選按 **編號** 或者選按 **編號** 清單鈕 \ **無**，即可取消設定。

03 若是想更進一步設定編號的字型格式與色彩，可以於 **常用** 索引標籤選按 **編號清單鈕 \ 定義新的編號格式** 開啟對話方塊設定。

04 選按 **字型** 鈕開啟對話方塊，在 **字型** 標籤為該編號樣式設計相關格式 (在此指定 **字型色彩：藍色,輔色1,較深 25%**)，接著按二次 **確定** 鈕，將套用新的編號格式。

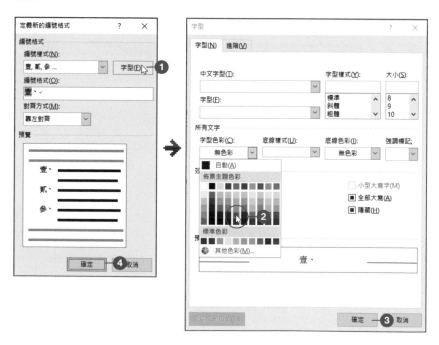

完成前面的操作，會看到範例中選取的段落內容已套用藍色的編號 "壹、貳、參..."。

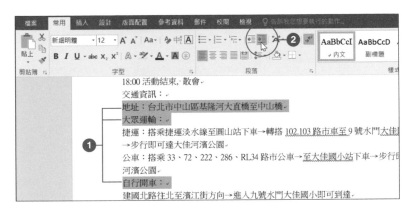

05 接著要設計一個內縮的編號項目清單，先於文件空白處按一下取消前面的選取，再按 Ctrl 鍵不放，選取 "地址：..."、"大眾運輸："、"自行開車：" 三段內容，於 **常用** 索引標籤選按 **增加縮排**。

再於 **常用** 索引標籤選按 **編號** 清單鈕 \ 一、二、三、，完成此清單的設計。

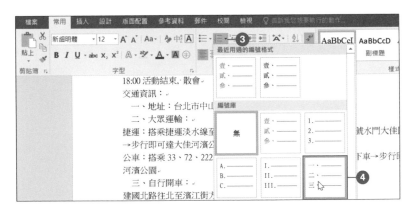

複製格式

文件中如果有多處要套用同性質的文字格式時，可運用 **複製格式** 功能為指定文字內容快速設定。

01 選取要複製其格式的目標文字 "活動目的："，於 **常用** 索引標籤連按二下 **複製格式**。

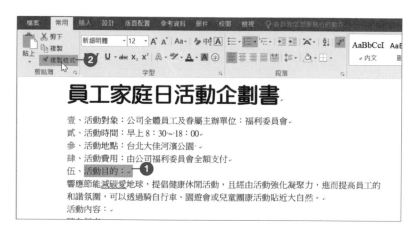

02 此時滑鼠指標會呈 油漆刷狀，選取 "活動內容：" 文字，即會套用上編號與相同的文字格式設計，而編號值會接續前一個編號。

參、活動地點：台北大佳河濱公園	參、活動地點：台北大佳河濱公園
肆、活動費用：由公司福利委員會全額支付	肆、活動費用：由公司福利委員會全額支付
伍、活動目的：	伍、活動目的：
響應節能減碳愛地球，提倡健康休閒活動，且經	響應節能減碳愛地球，提倡健康休閒活動，且經
和諧氛圍，可以透過騎自行車、園遊會或兒童團	和諧氛圍，可以透過騎自行車、園遊會或兒童團
活動內容：	陸、活動內容：
騎自行車	騎自行車

03 依相同方式，為 "活動流程表"、"交通資訊" 文字也套用上相同格式。完成格式套用的動作後，按 Esc 鍵取消 **複製格式** 功能。

園遊會
團康活動
柒、活動流程表：
時間活動名稱參與人員
8:30~9:00 報到全員
9:30~10:00 暖身操、自行車出發大人及 4 歲以上兒童
10:30~15:00 園遊會全員
15:00~16:00 兒童團康活動 3 歲以上兒童
16:00~17:00 員工團康活動公司員工
17:00~18:00 抽獎時間公司員工
18:00 活動結束、散會
捌、交通資訊：
　一、地址：台北市中山區基隆河大直橋至中山橋
　二、大眾運輸：

加上項目符號

項目符號使用方式與編號十分相似，若文件資料中不需要條列式內容說明也沒有先後順序時，可以使用項目符號。

01 選取 "陸、活動內容：" 文字下方三段內容。

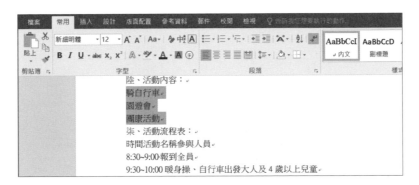

02 於 **常用** 索引標籤選按 **項目符號** 清單鈕，清單中選按合適的項目符號套用。

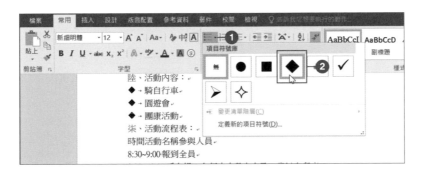

再於 **常用** 索引標籤選按 **增加縮排**，將段落以縮排方式呈現，增加文件易讀性。

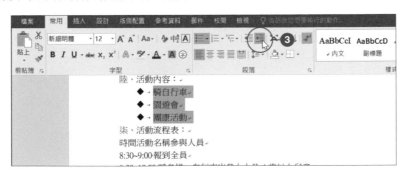

自訂項目符號格式

如果項目符號的樣式都不符需求時，可否自訂項目符號呢？

選取要更改項目符號的文字段落，於 **常用** 索引標籤選按 **項目符號** 清單鈕 \ **定義新的項目符號** 開啟對話方塊設定。

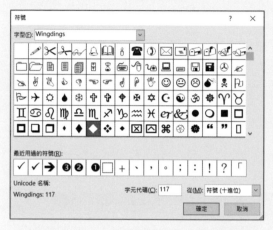

▲ 按 **符號** 鈕，可開啟對話方塊選擇合適的字型與符號，做為新的項目符號。

▲ 按 **字型** 鈕，可開啟對話方塊設定項目符號相關格式。

▲ 按 **圖片** 鈕，可開啟視窗利用 **瀏覽** 或 **搜尋**，插入電腦內或是網路上的符號圖片。

4.2 段落格式調整

文件中的段落樣式包含：段落對齊、縮排、段落間距、行距...等設定元素，這些樣式主要是讓文件內容的擺放更為整齊大方。

段落文字對齊

01 將輸入線移至 "員工家庭日活動企劃書" 標題文字上任一處。

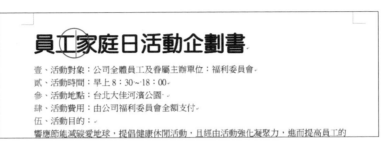

02 於 **常用** 索引標籤選按 **置中**，調整標題文字的對齊方式。

TIPS

其他段落對齊設定

除了 **置中** 功能外，還可以設定其他對齊方式。

▤ **靠左對齊**：Word 預設的對齊方式。

▤ **靠右對齊**：設定段落靠右對齊。

▤ **左右對齊**：與 **靠左對齊** 類似，主要是調整文字的水平間距，讓右邊文字不會參差不齊，左右邊界都可以平均對齊。

▤ **分散對齊**：文字平均分散至左右邊界之間。

為段落設定首行縮排

首行縮排 就像以前寫作文時，在每個段落之前空二格，使用這功能可以在長篇文章中產生強調的效果，容易找到每段文章開始的位置，方便瀏覽者閱讀。

01 選取 "伍、活動目的：" 文字下方內容，於 **常用** 索引標籤選按 **段落** 對話方塊啟動器開啟對話方塊。

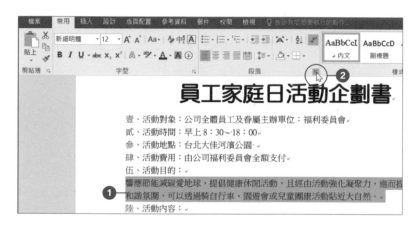

02 於 **縮排與行距** 標籤設定 **指定方式** (或 **特殊**)：第一行、位移點數：「2 字元」，接著按 **確定** 鈕後在首行的部分即會內縮二個字元。

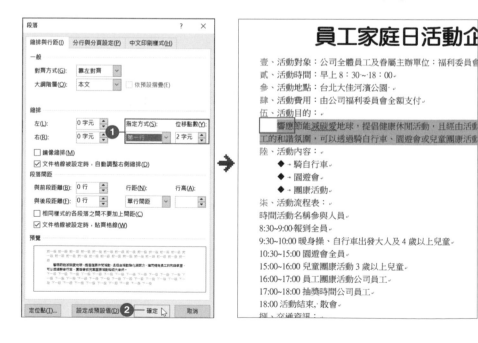

左邊縮排的設定

接下來要調整段落文字內容為左側縮排效果，對齊上方文字。

01 先於文件空白處按一下取消前面的選取，再按 Ctrl 鍵不放，分別選取 "捷運：..."、"公車：..."、"建國北路..."、"國道一號..." 四段內容，於 **常用** 索引標籤選按 **段落** 對話方塊啟動器開啟對話方塊。

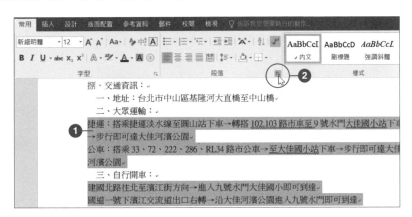

02 於 **縮排與行距** 標籤設定 **左：**「3 字元」，按 **確定** 鈕。

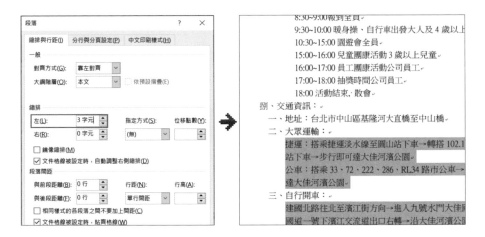

<hr />

TIPS

快速調整縮排

可以利用 **常用** 索引標籤 減少縮排 或 增加縮排 執行縮排功能。

透過尺規進行縮排

除了運用功能區進行段落縮排的設定外，也可以在尺規上利用滑鼠指標拖曳，快速調整段落縮排。

於 **檢視** 索引標籤核選 **尺規**，即可顯示尺規。

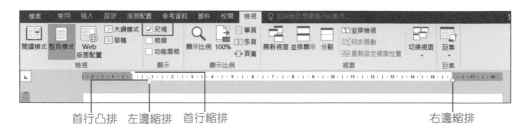

首行凸排　左邊縮排　首行縮排　　　　　　　　　　　　右邊縮排

1. **首行凸排**：將滑鼠指標移至此鈕上，按滑鼠左鍵不放左右拖曳，可控制段落第二行首字的起始位置。

2. **左邊縮排**：將滑鼠指標移至此鈕上，按滑鼠左鍵不放拖曳，可控制段落左側的縮排位置。

3. **首行縮排**：將滑鼠指標移至此鈕上，按滑鼠左鍵不放拖曳，可控制段落第一行首字的起始位置。

4. **右邊縮排**：將滑鼠指標移至此鈕上，按滑鼠左鍵不放拖曳，可控制段落右側的縮排位置。

01 尺規上的數字單位可以於 **檔案** 索引標籤選按 **選項** 開啟對話方塊，在 **進階 \ 顯示** 選項設定 **顯示度量單位** 選擇合適的單位，按 **確定** 鈕。

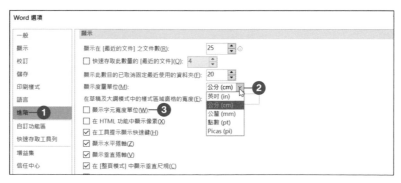

▲ 範例中選擇 **公分 (cm)**，並取消核選 **顯示字元寬度單位**，才能於編輯區的尺規中看到目前指定的單位。

02 選取 "柒、活動流程表" 文字下方內容，將滑鼠指標移至尺規上的 **左邊縮排** 鈕上方。

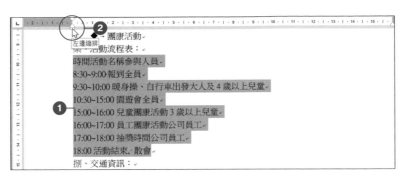

03 按 Alt 鍵不放，再按滑鼠左鍵不放拖曳該縮排鈕，尺規會顯示設定的單位，往右拖曳調整此段文字內容與 "柒、活動流程表" 中的 "動" 後方對齊。(本範例設定約 **1.75 公分**)

變更行高與行距

當文件的內容顯得有些擁擠時，可以調整段落行高與行距的設定。如果要變更的是文件部分內容，記得要先選取要設定的範圍，然後再變更其段落格式設定。

01 選取 "員工家庭日活動企劃書" 標題文字，於 **常用** 索引標籤選按 **段落** 對話方塊啟動器開啟對話方塊。

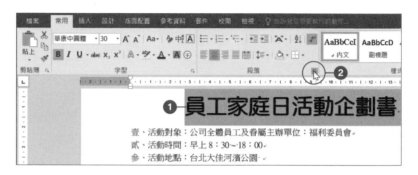

02 於 **縮排與行距** 標籤設定 **行距：多行、行高：「4」**，按 **確定** 鈕。

調整段落的間距

接下來要調整內文各段的段距，設定與前段、後段的距離。

01 選取所有內文文字，於 **常用** 索引標籤選按 **段落** 對話方塊啟動器開啟對話方塊。

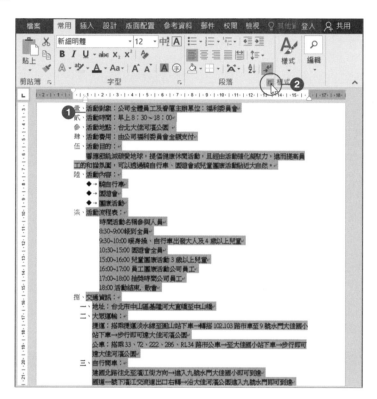

02 於 **縮排與行距** 標籤設定 **與前段距離**：「3 點」、**與後段距離**：「3 點」，按 **確定** 鈕完成設定。

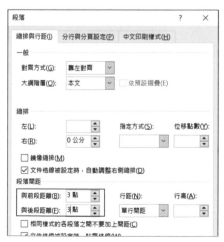

4.3 為文字套用定位點

運用 **定位點** 功能解決文件中資料對齊的問題，只要在尺規上設定文字對齊的基準點，按 Tab 鍵文字會移至所設定的定位點位置。

於尺規上設定定位點

使用尺規設定定位點之前，先說明定位點的相關對齊按鈕。

定位點按鈕	對齊方式
ㄴ	靠左定位點
ㅗ	置中定位點
ㄴ	靠右定位點
ㅗ	對齊小數點之定位點
ㅣ	分隔線定位點

01 將輸入線移至 "主辦單位" 文字前方，於尺規左側按數次定位點鈕，切換為 **靠右定位點**。

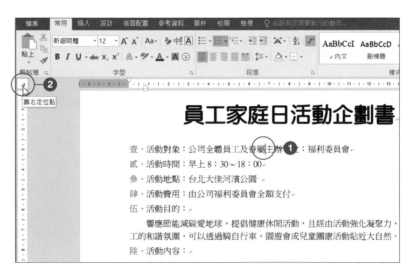

02 在尺規上約 **15.5** 公分處，按一下滑鼠左鍵建立 **靠右定位點**，再按一下 Tab
鍵完成依尺規定位點的對齊動作。

> 為了讓定位點的執行更清楚明瞭，可以確認已於 **常用** 索引
> 標籤選按 **顯示 / 隱藏編輯標記**，會顯示 → 定位點符號。

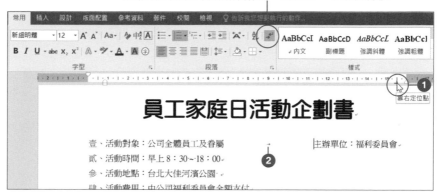

TIPS

微調與移除定位點

1. 若是要調整定位點位置，只要在定位點符號上按滑鼠左鍵不放，往左或往右拖
   曳即可調整。

2. 按 Alt 鍵不放，於尺規上拖曳該定位點，尺規會以單位顯示 (字元或公分)，即
   可微調。

3. 在定位點上，按滑鼠左鍵不放往下拖曳，移除定位點。

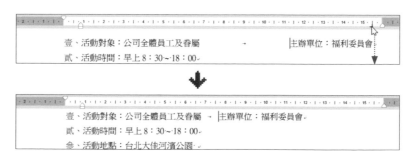

利用對話方塊設定定位點

如果想要更精確設定定位點，可以在尺規定位點上連按二下滑鼠左鍵，或者透過 **段落** 對話方塊細部調整。

01 選取 "柒、活動流程表：" 文字下方內容，於 **常用** 索引標籤選按 **段落** 對話方塊啟動器開啟對話方塊。

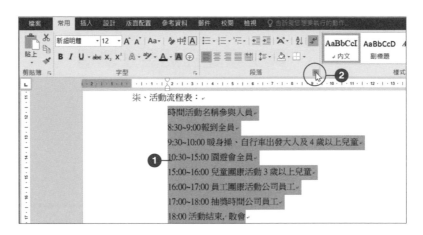

02 於 **縮排與行距** 標籤選按 **定位點** 開啟對話方塊，輸入 **定位停駐點位置**：「4 公分」、核選 **對齊方式**：**分隔線**，按 **設定** 鈕。

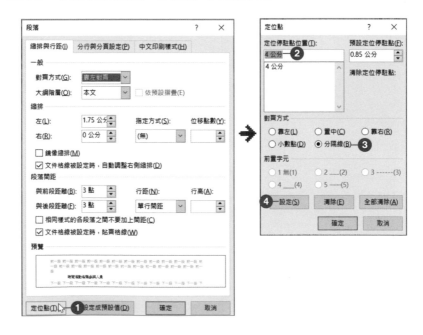

03 依相同方式，再新增一個定位停駐點「5 公分」、**對齊方式：靠左**；另一個定位停駐點「10 公分」、**對齊方式：靠左**，按 **確定** 鈕。

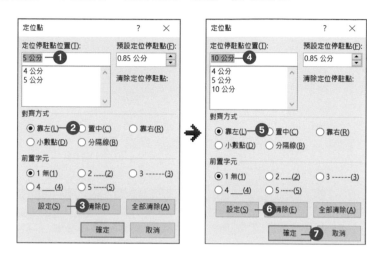

04 回到文件中，在尺規 4 公分位置上會出現一條分隔線，接著將輸入線移至"時間" 與 "活動名稱" 文字中間按一下 `Tab` 鍵，再於 "活動名稱" 與 "參與人員" 文字中間按一下 `Tab` 鍵，完成第一列流程項目定位點的設定。

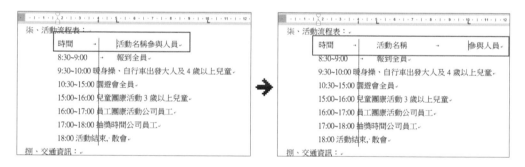

05 依照步驟 4 的操作，將其他七筆資料也設定定位點。

4.4 段落框線及網底

接下來要為流程項目加上框線及網底，使文件中的項目與明細能更清楚呈現。

為文字加上網底

01 選取 "時間" 文字，於 **常用** 索引標籤選按 **網底** 清單鈕，清單中選按合適的色彩套用。

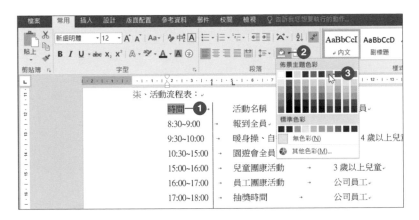

02 依相同方式，將 "活動名稱" 與 "參與人員" 文字也同樣的加上網底。

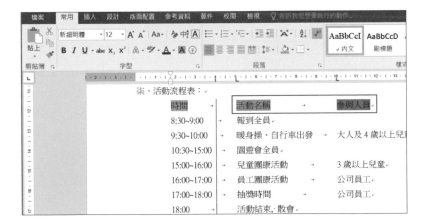

為文字加上框線

接下來要為活動流程表下方的文字設定框線。

01 選取 "柒、活動流程表：" 文字下方內容，於 **常用** 索引標籤選按 **框線** 清單鈕 \
框線及網底 開啟對話方塊。

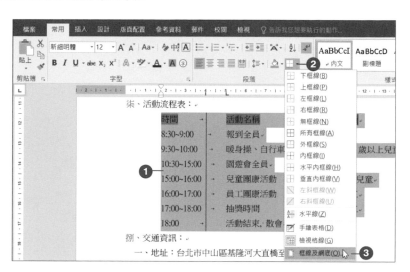

02 於 **框線** 標籤設定為 **陰影、樣式、色彩、寬、套用至：段落**，再按 **確定** 鈕。

即為活動流程表加上框線。

頁面框線的套用

範例的最後，要為本範例加上框線，美化此份文件。

01 將輸入線移至文件內容任一處，於 **常用** 索引標籤選按 **框線** 清單鈕 \ **框線及網底** 開啟對話方塊。

02 於 **頁面框線** 標籤設定為 **方框**、**色彩**、**花邊**、**寬**、**套用至：整份文件**，按 **確定** 鈕。

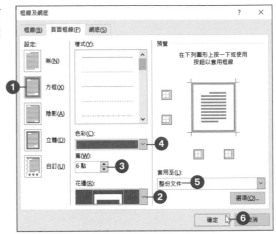

03 如此一來即為文件加上美美的框線囉！完成此作品，別忘了儲存檔案。

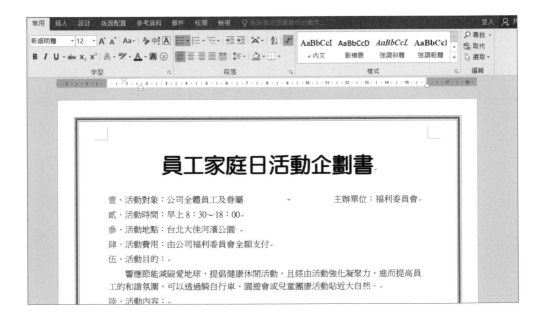

延 伸 練 習

實作題

依如下提示完成 "正確健康吃水果" 作品。

1. 開啟延伸練習原始檔 <正確吃水果.docx>，選取 "正確健康吃水果" 標題文字，於 **常用** 索引標籤設定 **置中**；再選按 **段落** 對話方塊啟動器開啟對話方塊，於 **縮排與行距** 標籤設定 **行距：多行、行高：「4」**。

2. 選取所有的內文，於 **常用** 索引標籤選按 **段落** 對話方塊啟動器開啟對話方塊，於 **縮排與行距** 標籤設定 **與前段距離**：「12 點」、**與後段距離**：「6 點」，調整其前、後段距離。

3. 選取 "吃水果應注意事項" 文字下方內容，於 **常用** 索引標籤選按 **編號** 清單鈕 \ 一、二、三，為其加上編號。

4. 選取 "吃水果應注意事項" 文字，於 **常用** 索引標籤選按 **框線** 清單鈕 \ **框線及網底** 開啟對話方塊，於 **框線** 標籤設定 **方框、樣式、色彩、寬、套用至：文字**，按 **確定** 鈕為其加上框線設計。

5. 再次選取 "吃水果應注意事項" 文字，於 **常用** 索引標籤選按 **複製格式**，當滑鼠指標指標呈 🖌 油漆刷狀態，在 "水果的營養成分與熱量" 文字上按滑鼠左鍵不放，由左向右拖曳，完成格式複製。

吃水果應注意事項

一、水果中許多成分均是水溶性的，飯前吃有利於身體必需營養素的吸收。

二、食用水果以打汁喝比較好吸收。

三、選擇吃多種綜合水果較好，勿單挑一、二種，且勿過量，例如吃過多荔枝或龍眼，易上火。

四、常吃榴槤甜份高，容易發胖及上火，比較不建議孕婦食用。

五、西瓜吃過量，對寒性體質者，容易使子宮過度收縮，最好依自己的身體狀況及喜好作適當調節。

六、食用芒果要特別注意，孕婦若有水腫、皮膚過敏現象，最好要限制食用。

水果的營養成分與熱量

6. 選取 "水果的營養成分與熱量" 文字下方內容，於 **常用** 索引標籤選按 **段落** 對話方塊啟動器開啟對話方塊，按 **定位點** 鈕開啟對話方塊，相關設定資料請參考下方表格。

定位點	1.5 公分	2.75 公分	5 公分	6.25 公分
對齊方式	分隔線	置中	置中	分隔線

定位點	7.75 公分	10.75 公分	13.5 公分
對齊方式	置中	置中	置中

7. 回到文件中會看到 1.5 公分及 6.25 公分位置上出現二條分隔線，再於 **常用** 索引標籤選按 **顯示 / 隱藏編輯標記**，會顯示 → 定位點符號。

8. 由左往右依序在上方文字與下方數字中按 Tab 鍵，利用前面設定好的定位點停駐點，將數值整齊呈現。

名稱	熱量(卡)	水分(克)	維生素 A(IU)	維生素 C(毫克)	鉀(毫克)
西瓜	25	93.0	41.8	8.0	100
芭樂	38	89.0	50	81.0	150
柳橙	43	88.0	0	38.0	120
香蕉	91	74.0	8	10.1	290
草莓	39	89.0	11	66.0	180
鳳梨	46	87.0	17	9.0	40
蓮霧	34	90.6	0	17.0	70
蘋果	50	86.0	13	2.1	100

9. 將輸入線移至文件內容任一處，於 **常用** 索引標籤選按 **框線** 清單鈕 \ **框線及網底** 開啟對話方塊，設定合適的頁面框線，最後儲存檔案完成此範例。

NOTE

05

求職履歷表
快速套用範本

範本・尋找及取代

英文斷字・拼字檢查

文法檢查・簡繁字切換

翻譯・字數統計

學 習 重 點

利用範本快速地建立文件後，透過尋找與取代功能、拼字與文法檢查文件中錯誤的文字、自動校正、常用符號快速鍵設定...等功能，讓設計文件及編輯操作更加事半功倍。

- ✚ 新增範本文件
- ✚ 尋找及取代文字
- ✚ 英文斷字設定
- ✚ 拼字與文法檢查
- ✚ 簡繁字體切換
- ✚ 使用翻譯功能
- ✚ 字數統計
- ✚ 運用自動校正設定取代字串

原始檔：<本書範例 \ ch05 \ 原始檔 \ 求職信文字.txt>
完成檔：<本書範例 \ ch05 \ 完成檔 \ 求職履歷表.docx>

5.1 新增範本文件的方法

Word 提供了許多範本，藉由這些範本可以快速建立新文件，並依照原有的資料內容與樣式修改，不但可加快完成的速度，更能達到美觀且專業的表現。

用 "範本清單" 新增範本文件

Word 範本提供了各種不同的主題和版面配置，可以選擇最合適的範本再加以修改其中的文字和設計、加入公司標誌與圖像，快速完成作品。

01 開啟 Word 後，可直接在範本清單中選按適合的主題範本 (2019 版本請先選按右側 **新增**，切換至相關頁面。)。

02 在此範本預覽畫面中按 **建立** 鈕，可以新增選擇的主題文件。

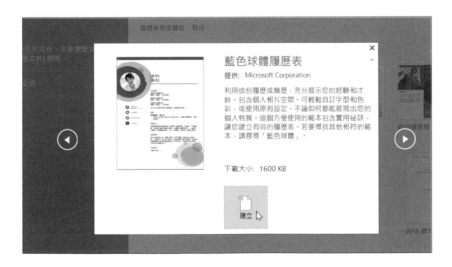

由 "類別" 新增範本文件

不是專業設計師，但仍想製作出具專業水準的文件，只需要依照 **類別** 挑選出最符合主題的範本，一切便水到渠成！

01 在 **建議的搜尋** 中選按合適的主題，於右側 **類別** 欄位中選按更精準的關鍵字 (2019 版本不支援 **類別**)。

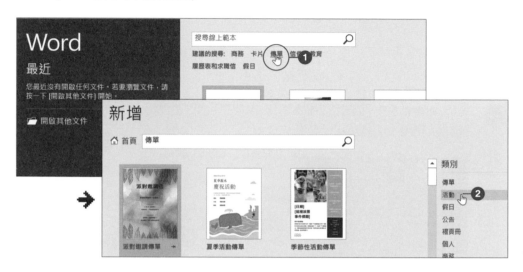

02 選按最合適的範本建立時，如果範本畫面出現 **下載大小** 文字時，表示此範本需透過網路載回本機後才能使用，按 **建立** 鈕開始下載並開啟。

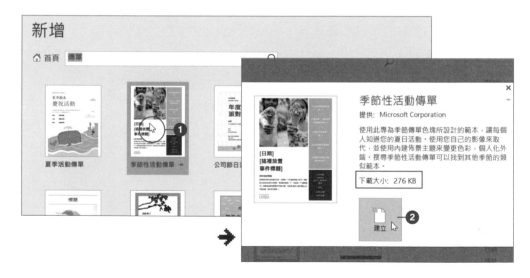

由 "搜尋" 新增範本文件

如果預設的關鍵字都沒有想要的內容時，可以於 **搜尋** 欄位中直接輸入適當的關鍵字找尋範本。

01 在 **搜尋** 欄位輸入關鍵字後，按右側 🔎 **開始搜尋** 鈕，由搜尋結果當中選按合適的範本。

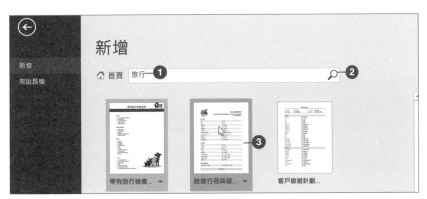

02 按 **建立** 鈕，在 Word 中會開啟下載的範本。

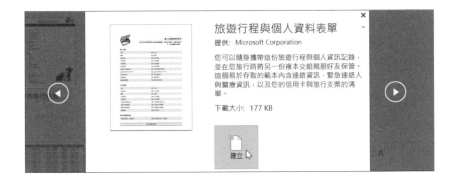

TIPS

可新增範本的畫面

除了一開始提到於 Word 開啟時，可直接於範本清單中選按合適的主題範本或由 **類別** 或輸入關鍵字新增範本，如果已進入文件編輯畫面想回頭建立新範本，選按 **檔案** 索引標籤 \ **新增**，可以再次展開範本清單相關內容。

5.2 快速套用編修範本

這一節將透過 **類別** 方式找到合適的範本主題,在瀏覽過後下載該範本,並依照需求調整為自己的文件。

新增履歷表範本

01 開啟 Word 後,於搜尋方塊輸入關鍵字:「履歷表」,按右側 🔍 **開始搜尋** 鈕。

02 在下方的範本中選按 **相片履歷表 (中庸佈景主題)**,再按 **建立** 鈕。

編修範本內容

開啟的範本文件已設計好基礎格式及資料結構，只要直接在各欄位內容做些修改，
便可以輕鬆完成一份圖文並茂的文件。

01 首先刪除此次文件中用不到的欄位：按 "網站" 欄位文字，再按 Backspace 鍵
二次刪除該欄位與該行。

02 接著刪除此次文件中用不到的標題及資料項目：選取 "技能" 欄位下方所有段
落文字 (由 "在" 開始拖曳選取到最後一個字 "訊")，按 Backspace 鍵四次刪除
內容與格式，然後將 "技能" 標題修改為「自傳」。

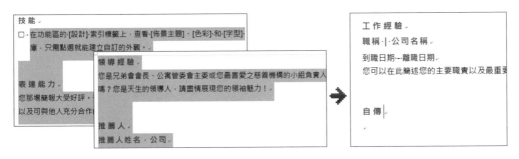

03 選取 "工作經驗" 標題下方的資料項目，於 **常用** 索引標籤選按 **複製**，先按 →
鍵，再按 **貼上** 完成資料項目的複製。

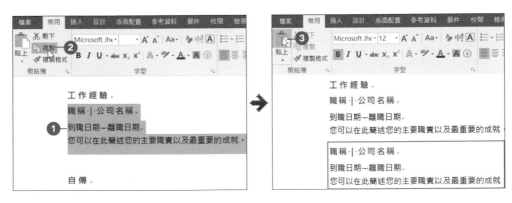

輸入資料與調整版式

01 調整出合適的欄位與資料項目後，開啟範例原始檔 <求職信文字.txt>，複製相關文字至欄位中。

楊家娟

2020/6/30

南投市復興路二段 14 樓
0922-000999
tina23@e-happy.com.tw

應 徵 職 務
影像編輯 Assistant

學 歷
暨南大學
2014 年 8 月
暨南大學資訊系學士學位

工 作 經 驗
工讀生 | 幸福補習班
2009 - 2011
負責協助電話招生業務、資料整理

行政 Assistant | 快樂商行
2011 - 2013
負責商品的排列、接洽

自 傳
Tina is my English name. I am 24 years old. My father works in a bank and my mother is a housewife. I am the only child in the family. My parents make very sure of that by training me to be independent. I am interested in computer since I was in the fifth grade of elementary school. My friends know I am gopd at

---

楊家娟

computer, so once their computers have some problems, they will come to me.
Tina 是我的英文名字。我今年 24 歲。父親在一家銀行工作，母親是家庭煮婦。我是家中的獨生女，正因為怕我變得嬌縱，父母從小就訓練我要獨立。從國小五年級就開始對電腦感興趣，朋友知道我對電腦很在行，只要電腦有問題，都會找我幫忙。

02 將輸入線移到 "Tina 是我的英文名字" 文字的 "T" 前方，按一下 Enter 鍵，將英文、中文自傳整理成二段。

03 因為文字超出一頁，所以要調整一下行距。請選取表格下方的所有文字，於 **常用** 索引標籤選按 **段落** 對話方塊啟動器開啟對話方塊。

04 於 **縮排與行距** 標籤設定 **行距：固定行高、行高：「15 點」**，按 **確定** 鈕，讓資料呈現更為合適。

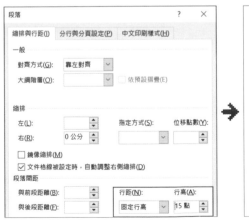

變更圖片

01 接著變更求職信中的圖片，先選取文件中的圖片，於 **圖片工具 \ 格式** 索引標籤選按 **變更圖片** 開啟 **插入圖片** 視窗。(或選按 **變更圖片 \ 從檔案**)

02 在 **從檔案** 右側選按 **瀏覽**，接著再於 **插入圖片** 對話方塊中選取範例原始檔 <大頭照.jpg>，按 **插入** 鈕。

這樣就完成了圖片的取代。

尋找及取代文字

為了尋找一個字或取代一段文句,而在文章中逐字逐句的查看,非常耗費時間,這時如果利用尋找及取代功能,不但可以馬上解決問題,更可以縮短工作時間。

01 於 **常用** 索引標籤選按 **尋找** 清單鈕 \ **尋找**。

02 左側會出現 **導覽** 工作窗格,輸入要尋找的文字:「Assistant」,文件中關於 "Assistant" 文字都會被標示出來。

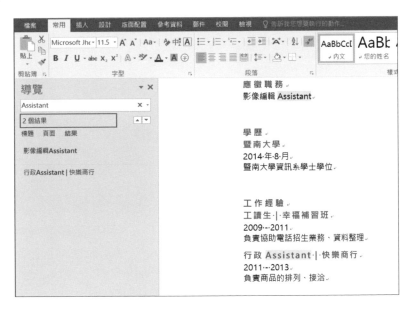

03 完成尋找的動作後，接著就要將英文單字 "Assistant" 取代為 "助理" 文字。於 **導覽** 工作窗格選按 ⊡ **搜尋其他項目** 清單鈕 \ **取代** 開啟對話方塊，或者也可以於 **常用** 索引標籤選按 **取代**。

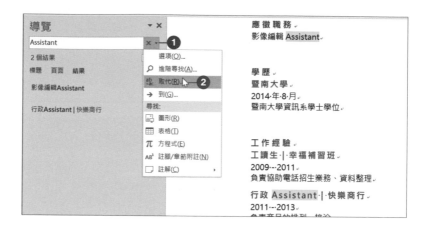

04 於 **取代** 標籤輸入 **取代為**：「助理」，按 **全部取代** 鈕。

05 於出現的提示訊息對話方塊中，會告知文件已完成了 2 項的取代動作，按 **確定** 鈕，再於 **尋找及取代** 對話方塊按 **關閉** 鈕回到文件中。

06 文件中 "Assistant" 英文單字皆已取代為 "助理" 文字。

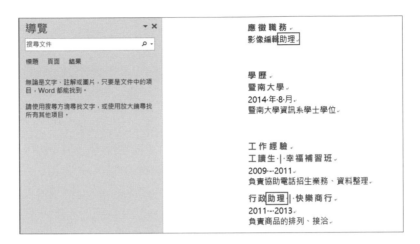

TIPS

更多搜尋選項

在 **尋找及取代** 對話方塊選按 **更多** 鈕會開啟下半部的搜尋選項,不但可以擴大搜尋的範圍,更可以加快搜尋的速度。

在此分為三種搜尋方式:
往下:輸入線所在位置往下搜尋
往上:輸入線所在位置往上搜尋
全部:搜尋全部範圍。

運用萬用字元尋找目標的設定

為了讓搜尋的效果更為顯著及確實，還可以運用萬用字元加強尋找的準確度。

01 例如：找尋 "T" + 一個字母 + "na" 的單字，可以於 **常用** 索引標籤選按 **尋找** 清單鈕 \ **進階尋找** 開啟對話方塊。**尋找** 標籤輸入 **尋找目標**：「T?na」後按 **更多** 鈕，核選 **搜尋選項：使用萬用字元** 後，再按 **尋找下一筆** 鈕。

02 即會尋找到第一個目標，再按 **尋找下一筆** 鈕則會陸續找到下一個目標。

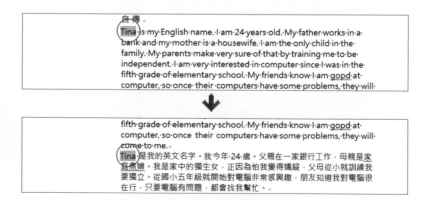

除了萬用字元 "?"，以下便透過表格整理出其他常使用的萬用字元。

萬用字元	尋找	實例	說明
?	任意單一字元	s?t	尋找「sad」、「set」...
*	任意字元字串	s*t	尋找「sad」、「started」...
[]	在括弧內任一個字元	b[ae]d	尋找「bad」或「bed」
[a-z]	在括弧內文字遞增順序中任一個字元	b[a-d]d	尋找「b a d」、「b b d」、「bcd」、「bdd」。
[!]	在括弧內任一個字元之外的字元	b[!a]d	尋找「bed」、「bid」...而不會尋找「bad」。
[!a-z]	在括弧內文字遞增順序中任一個字元之外的字元	t[!a-m]ck	尋找「tock」、「tuck」而不會尋找「tack」或「tick」。
{n}	前一字元或運算式顯示 n 次	fe{2}d	尋找「f e e d」而不會尋找「fed」
{n,}	前一字元或運算式至少顯示 n 次	20{2,}	尋找「200」、「2000」、「20000」...
{n,m}	前一字元或運算式顯示 n 至 m 次	10{1,3}	尋找「10」、「1000」、「10000」。
@	前一字元或運算式顯示一次或更多次	lo@t	尋找「lot」、「loot」...
<	啟始的字元或運算式	<(inter)	尋找「interesting」、「intercept」，而不會尋找「splintered」。
>	結尾的字元或運算式	(ly)>	尋找「quickly」的「ly」，而不會尋找「lynn」的「ly」。

英文斷字設定

運用 Word 的斷字處理功能，插入連字號「-」以調整英文字中的空隙，保持單字字距的均勻又容易閱讀。

01 選取 "自傳" 欄位下方的英文段落，於 **常用** 索引標籤選按 **段落** 對話方塊啟動器開啟對話方塊。

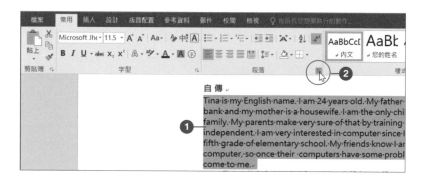

02 在 **中文印刷樣式** 標籤，核選 **自動調整中文和英文字元的間距、自動調整中文字和數字的間距**，取消核選 **允許英文字元在字中換行**，按 **確定** 鈕。

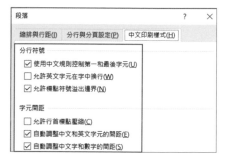

03 於 **版面配置** 索引標籤選按 **斷字 \ 斷字選項** 開啟對話方塊。

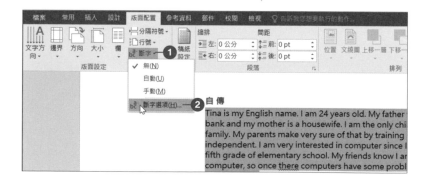

04 核選 **文件自動斷字**，按 **確定** 鈕。

05 在選取英文段落的狀態下，於 **常用** 索引標籤選按 **左右對齊**，讓段落文句以加寬字距的方式對齊左、右邊界，這時可以看到英文段落內的文句尾端出現斷字處理。

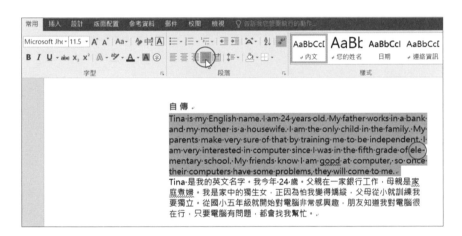

TIPS

找尋同義字

如果希望文件不要斷字，但又要改善字距問題時，可先選取目前斷字的單字，再於 **校閱** 索引標籤選按 **同義字**，於右側開啟 **同義字** 工作窗格查詢該單字的同義字，替換其他長度較合適的單字。

5.5 拼字與文法檢查

輸入文字時難免有錯，可能是拼錯英文單字或是打錯中文，這時便可仰賴 Word 自動檢查拼字與文法功能解決問題。

使用自動拼字與文法檢查前，於 **檔案** 索引標籤選按 **選項** 開啟對話方塊，在 **校訂 \ 在 Word 中修正拼字及文法錯誤時** 選項，確認 **自動拼字檢查** 與 **自動標記文法錯誤** 二個項目已核選。

拼字檢查

在英文自傳倒數第二行的內容中，會發現 **"gopd"** 單字下方有紅色的曲線，此代表拼字錯誤。

 選取有錯誤標示的英文單字，按一下滑鼠右鍵，在校正建議清單中選擇正確的英文單字。

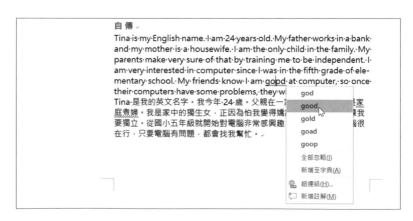

02 紅色的曲線不見了，錯誤的英文單字也馬上更正。

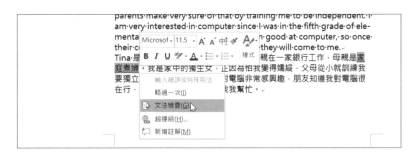

文法檢查

完成拼字檢查，接下來要進行文法檢查。

01 選取 "家庭煮婦" 文字，按一下滑鼠右鍵，在校正建議清單選按 **文法檢查** 開啟 **文法** 工作窗格。

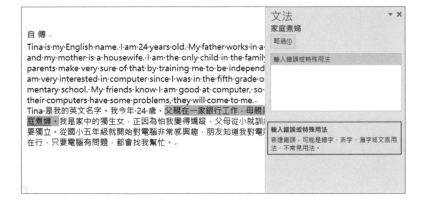

02 於 **文法** (或 **校訂**) 工作窗格中出現解釋文字，其中可閱讀相關的錯誤說明。

03 選取 "煮" 文字，再輸入「主」修正錯誤。

Tina·is·my·English·name.·I·am·24·years·old.·My·father·w
and·my·mother·is·a·housewife.·I·am·the·only·child·in·
parents·make·very·sure·of·that·by·training·me·to·be·i
am·very·interested·in·computer·since·I·was·in·the·fifth
mentary·school.·My·friends·know·I·am·good·at·com
their·computers·have·some·problems,·they·will·come·
Tina·是我的英文名字。我今年·24·歲。父親在一家銀行工
庭煮婦。我是家中的獨生女，正因為怕我變得嬌縱，父母
要獨立。從國小五年級就開始對電腦非常感興趣，朋友知
在行，只要電腦有問題，都會找我幫忙。

➡

Tina·is·my·English·name.·I·am·24·years·old.·My·father·w
and·my·mother·is·a·housewife.·I·am·the·only·child·in·
parents·make·very·sure·of·that·by·training·me·to·be·
am·very·interested·in·computer·since·I·was·in·the·fifth
mentary·school.·My·friends·know·I·am·good·at·com
their·computers·have·some·problems,·they·will·come·
Tina·是我的英文名字。我今年·24·歲。父親在一家銀行工
庭主婦。我是家中的獨生女，正因為怕我變得嬌縱，父母
要獨立。從國小五年級就開始對電腦非常感興趣，朋友知
在行，只要電腦有問題，都會找我幫忙。

04 文字錯誤修正後，於 **文法** (或 **校訂**) 工作窗格中按 **繼續** 鈕，在出現的訊息對話方塊按 **確定** 鈕，這樣就完成文法檢查。

快速開啟 / 關閉 "文法" 工作窗格

於狀態列按 圖示，一樣可以開啟 **文法** (或 **校訂**) 工作窗格，再按一次 圖示就可以關閉工作窗格。

5.6 簡繁字切換

透過 Word 提供的 **簡繁轉換** 功能,讓您彈指間就能輕鬆轉換繁體字與簡體字。

(此範例只做說明,不設定此項功能。於本範例,請先將其中 "應徵職務"、"學歷" 與 "工作經驗" 三個標題重新輸入再進行 **繁轉簡**,不然文字會於轉換過程消失。)

01 於 **校閱** 索引標籤選按 **繁轉簡**,如果沒有選取特定文字,會進行整份文件的簡繁轉換。

02 中文的部分,即由繁體文字轉為簡體文字。

當再次於 **校閱** 索引標籤選按 **簡轉繁**,就可再轉換為繁體文字。

5.7 使用翻譯功能

需要翻譯英文文件時，不需再利用翻譯軟體或是線上翻譯，在 Word 中就可以直接完成翻譯工作。

01 選取要翻譯的文字，於 **校閱** 索引標籤選按 **翻譯 \ 轉換選取的文字** (或 **翻譯選取範圍**)。

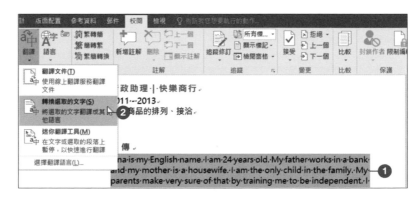

02 在出現的警告對話方塊中按 **是** 鈕，接著開啟 **參考資料** (或 **翻譯工具**) 工作窗格，於下方可看到翻譯結果。

可以選擇要翻譯的語言種類

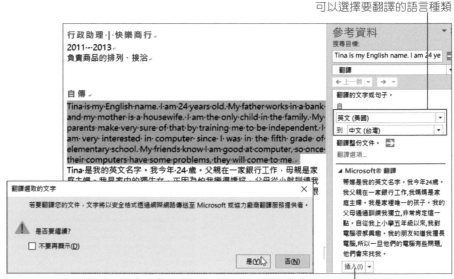

按 **插入** 鈕可以將翻譯結果直接替代文件中選取的文字。

5.8 字數統計

投稿文章時常會有篇幅字數的限制或是論字計酬，利用 **字數統計** 功能很快就能統計出相關資訊。

01 於 **校閱** 索引標籤選按 **字數統計** 開啟對話方塊。

狀態列會即時顯示該份文件的總頁數與字元數目，
若需要更詳細的資料，也可以選按此鈕。

02 即會看到此份文件中字數的詳細統計資訊，按 **關閉** 鈕。

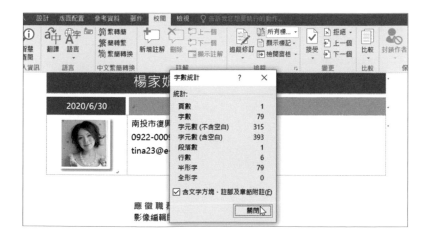

5.9 運用自動校正設定取代字串

製作文件時，常會需要用到一些特殊符號，這裡說明要如何快速插入這些符號，讓製作文件更省時。

Word 預設的自動校正可快速地輸入需要的符號。

例如：輸入 「:(」 → ☹　　　　　　輸入 「 <=> 」 → ⇔

01 於 **插入** 索引標籤選按 **符號 \ 其他符號** 開啟對話方塊，設定 **字型**，再選擇合適的符號，(範例中選取 "✋" 符號)，按 **自動校正** 鈕開啟對話方塊。

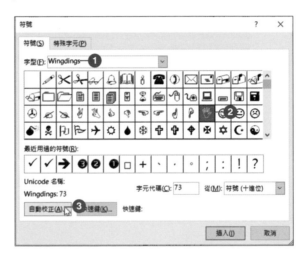

02 於 **自動校正** 標籤 **成為** 欄位上會自動貼上 "✋" 符號，再輸入 **取代：**「*)」，按 **新增** 鈕會增加至下方的清單中，再按 **確定** 鈕。

03 按 **關閉** 鈕完成自動校正新增的動作。

這樣一來只要於文件中輸入「*)」就會自動轉換為 "✋" 符號。

TIPS

開啟自動取代自串

如果無法使用自動取代字串的功能時,於 **檔案** 索引標籤選按 **選項**,在 **校訂 \ 自動校正選項** 選按 **自動校正選項** 鈕開啟對話方塊,核選 **自動取代字串**,再按二次 **確定** 鈕完成設定。

實作題

依如下提示完成 "名片範本" 作品。

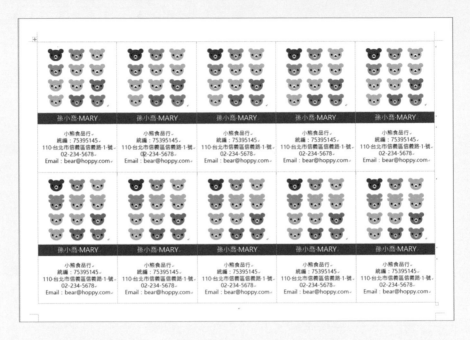

1. 在 **新增** 文件畫面中，於 **搜尋** 欄位輸入「名片」，找到如下圖的 **名片** 範本
   並下載。

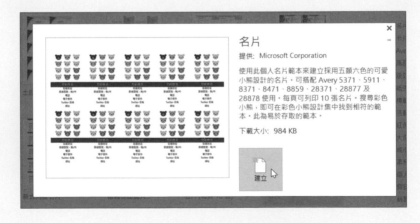

2. 選取 "Twitter 名稱"、"網址" 二個欄位 (由"T" 拖曳選取至 "址")，按四次
   `Backspace` 鍵刪除這二個欄位，接著用同樣的方法刪除其他九張名片的相同
   欄位。

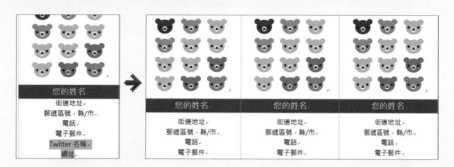

3. 選取 "街道地址" 欄位，按一下 `←` 鍵，再按二次 `Enter` 鍵，新增二個欄
   位，接著用同樣的方法新增其他名片的欄位。

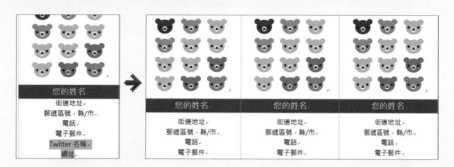

4. 選取 "您的姓名" 該列下方，一～五張名片的店家資訊，再按 `Ctrl` 鍵加選
   六～十張名片的店家資訊。於 **常用** 索引標籤選按 **段落** 對話方塊啟動器，
   在對話方塊的 **縮排與行距** 標籤設定 **行距：多行、行高：「0.7」**。

5. 接著開啟延伸練習原始檔 **<名片內容.txt>** 檔案，於第一張名片複製相關文
   字至如下圖的欄位中擺放。(店家資訊請一行一行複製、貼上，完成第一張
   名片資料的建置，其他九張會自動以相同內容呈現。)

6. 接著取代錯誤的英文名字，於 **常用** 索引標籤選按 **取代**，將錯誤的 "MAIY" 取代為 "MARY"。

7. 於任一張名片選取錯誤的英文單字 "Emial"，按一下滑鼠右鍵，在校正建議清單中選按 **Email**，如此就完成此名片的調整，記得儲存檔案即完成此範例。

06

茶葉行訂購單
表格應用

一份產品訂購單裡，不外乎包含商品的價格、付款條件、交貨日期...等項目，此章利用表格特性，將相關資訊有組織的分類擺放，讓訂購者一目瞭然選購想要的商品及填入正確的資料。

"訂購單" 主要目的是透過插入表格、分割儲存格與表格、合併儲存格、對齊方式...等功能，藉由表格的版面配置操作，輕鬆設計出想要呈現的表格作品。

東昇茶葉行訂購單

姓名		電話		發票抬頭					備註	
		手機		統一編號						
地址	□□□			取貨方式	□自取	□郵寄	□宅配			
				指定交貨日	年		月	日		
E-mail				指定時段	□上午	□中午	□晚上			

紅茶系列	商品項目	300 克	數量	600 克	數量	小計	禮盒系列	商品項目	150 克	數量	300 克	數量	小計
	阿薩姆	900 元		1800 元				茶包禮盒	200 元		400 元		
	紅玉	1200 元		2500 元				罐裝禮盒	300 元		600 元		
烏龍系列	商品項目	300 克	數量	600 克	數量	小計	茶具系列	商品項目	一杯組	數量	對杯組	數量	小計
	高山烏龍	700 元		1400 元				陶瓷	99 元		180 元		
	凍頂烏龍	600 元		1200 元				紫砂	120 元		220 元		
❶商品總金額				元	❷運費			元	❶+❷總金額				元

訂購流程說明	付款方式		匯款資訊
1. 填寫好訂購單資料，以傳真方式至本公司，當天會有專員來電確認訂單項目與金額無誤後，再進行匯款動作。 2. 匯款完成，將匯款單收據傳真至本公司（寫上訂購人姓名、電話），並以電話與專員確認匯款帳末五碼是否正確。 3. 約三個工作天內出貨，年節請在 15 天前訂購！	□匯款 □ATM 轉帳 □貨到付款	購物滿 1500 元免運費，1500 元以下另加運 100 元。 每一訂單需加收 30 元手續費。	銀行：007 第一銀行 戶名：詹心怡 帳號：043123456789

地址：545 南投縣埔里鎮快樂路 200 號　　訂購電話：049-2900111　　訂購傳真：049-2900112

- ➕ 插入表格
- ➕ 分割表格與儲存格
- ➕ 插入欄列與輸入文字
- ➕ 合併與對齊儲存格
- ➕ 表格框線與網底
- ➕ 調整表格字型與標題文字

原始檔：<本書範例 \ ch06 \ 原始檔 \ 茶葉行訂購單.docx>
完成檔：<本書範例 \ ch06 \ 完成檔 \ 茶葉行訂購單.docx>

6.1 插入表格

表格提供文字一定的格式規範，讓文件的內容不僅清楚明瞭，也方便使用者快速閱讀或找尋資料。

開啟範例原始檔 <茶葉行訂購單.docx>，這是一份橫向的文件，此範例一開始需要 6 欄 11 列的表格，請使用 **插入表格** 對話方塊設定。

01 於 **插入** 索引標籤選按 **表格 \ 插入表格**，設定 **欄數**：「6」、**列數**：「11」，按 **確定** 鈕。

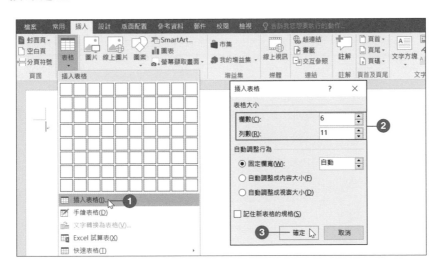

02 文件上會出現指定的 6 欄 11 列表格。

表格移動指標　儲存格　　　　　　　　　　　　　　　　　直為 **欄**

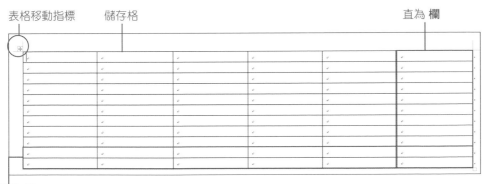

橫為 **列**

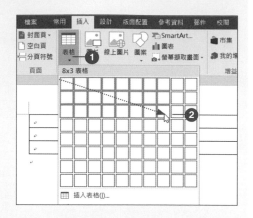

資訊補給站

使用拖曳方式插入表格

於 **插入** 索引標籤選按 **表格**，在清單
中由左上往右下直接拖曳需要的欄列
數後，按一下滑鼠左鍵，最多拖曳 10
欄 8 列。

使用快速表格

於 **插入** 索引標籤選按 **表格 \ 快速表格**，清單中可挑選合適的樣式。**快速表格** 將
多種表格樣式儲存在快速表格庫，也可自製表格儲存至快速表格庫，指定插入的
快速表格可依需求再稍加修改部分樣式快速完成表格的建立。

刪除表格

文件中不需要的表格可一次刪除，選按要刪除的表格內任一儲存格，於 **表格工具 \ 版面配置** 索引標籤選按 **刪除 \ 刪除表格**。

選取表格

1. **選取某一儲存格**：將滑鼠指標移至儲存格左下角位置，當滑鼠指標呈 ↗ 狀，按一下滑鼠左鍵，儲存格即選取。取消儲存格的選取：在非選取區的任意位置按一下滑鼠左鍵即可取消選取。

2. **選取列**：將滑鼠指標移至表格左側呈 ↗ 狀，按一下滑鼠左鍵，即可選取該列；按滑鼠左鍵不放則可往上或往下拖曳可以選取多列。

3. **選取欄**：將滑鼠指標移至欄的最上方呈 ↓ 狀，按一下滑鼠左鍵，即可選取該欄，若向左右二邊拖曳可以選取多欄。

4. **選取整個表格**：將滑鼠指標移到表格上方，直到表格左上角出現 移動控點，將滑鼠指標移至移動控點上按一下左鍵，會選取整個表格。

編輯表格時常用的按鍵

按　鍵	說　　明
Tab	將輸入線移至下個儲存格
Shift + Tab	將輸入線移至上個儲存格
Enter	在同一儲存格內新增一列
Ctrl + Tab	跳至定位點位置
Alt + Home 或 Alt + End	移至該列最左邊或最右邊儲存格
Alt + PageUp	移至該欄最上面儲存格
Alt + PageDown	移至該欄最下面儲存格
Shift + Alt + PageUp 或 Shift + Alt + PageDown	以欄為基準，選取輸入線以上或以下的儲存格。
Shift + Alt + Home 或 Shift + Alt + End	以列為基準，選取輸入線左側或右側的儲存格。

6.2 分割表格與儲存格

插入 6 欄 11 列表格後，現在要將一個大表格，利用 **分割表格** 功能分割三個獨立的小表格，分別為 5 列、4 列、2 列，接著再將這三個表格中的儲存格分割處理。

分割表格

01 首先要分割出一個 5 列的獨立表格，將輸入線移至第 6 列第 1 個儲存格，於 **表格工具 \ 版面配置** 索引標籤選按 **分割表格**。

輸入線的位置即會分割成上下二個表格。

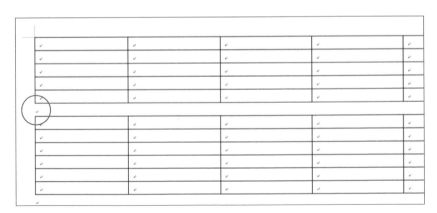

02 依相同方式，輸入線移至下方 6 列表格的第 5 列，於 **表格工具 \ 版面配置** 索引標籤選按 **分割表格**，將其分割為一個 4 列、一個 2 列的獨立表格。

分割儲存格

當分割出三個表格之後，再來要將三個表格中的儲存格分割成不同的組合，以符合後續要填入的文字資料。

01 首先要將第一個表格第一欄分割成 3 欄 5 列，將滑鼠指標移至第一欄最上方，呈 ↓ 狀，按一下滑鼠左鍵選取該欄，於 **表格工具 \ 版面配置** 索引標籤選按 **分割儲存格**，輸入 **欄數**：「3」、**列數**：「5」，按 **確定** 鈕。

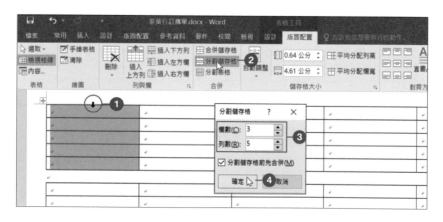

02 依相同方式，選取目前第一個表格第 4、5 欄的五列，分割儲存格為：4 欄 5 列。

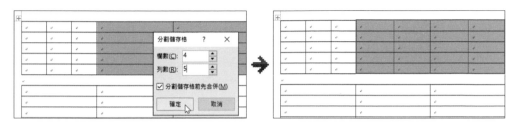

選取目前第一個表格由右側算起來第 2、3 欄的五列，分割儲存格為：3 欄 5 列。

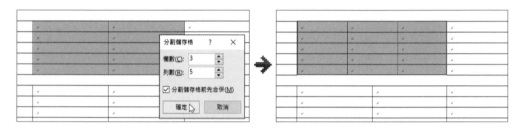

選取目前第一個表格由右側算起來第 2、3 欄下方三列，分割儲存格為：3 欄 3 列。

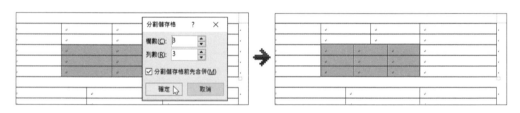

03 接著要分割第二個表格內的儲存格：選取第二個表格的所有儲存格，分割儲存格為：14 欄 4 列。

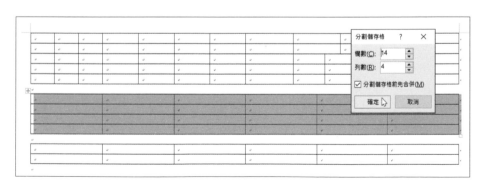

完成第二個表格的分割儲存格動作。

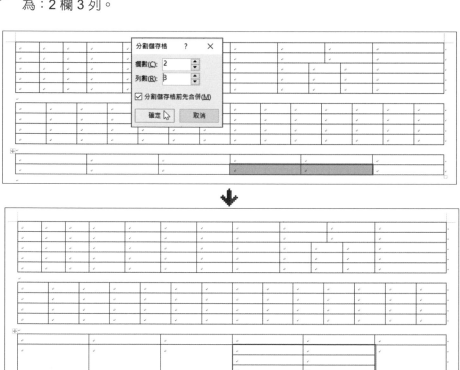

04 最後分割第三個表格內的儲存格：選取最後一列的第 4、5 欄，分割儲存格為：2 欄 3 列。

6.3 插入欄列與輸入文字

完成表格與儲存格的分割後，接著要在第二個表格下方再新增 3 列，
然後依序輸入訂購單相關文字。

插入欄列

01 將輸入線移至第二個表格第 1 個儲存格，將滑鼠指標移至第 1 個儲存格左下
角，出現 ⊕ 圖示，連按三下 (也可以於 **表格工具 \ 版面配置** 索引標籤，連按
三下 **插入下方列**)。

02 於文件上可看到第二個表格已新增 3 列，總共為 7 列。

(將滑鼠指標移至欄與欄之間框線的最上方，當出現 ⊕ 圖示，選按該圖示即可插入
欄；也可以於 **表格工具 \ 版面配置** 索引標籤，選按 **插入左方欄**、**插入右方欄**。)

TIPS

刪除表格與欄列

當完成設計的表格，遇到要刪除時，可將輸入
線移至要刪除的欄列或表格中任一儲存格，在
表格工具 \ 版面配置 索引標籤選按 **刪除**，於
清單中選取刪除的項目。

輸入文字

當表格格式大致調整好之後，接著就是要將文字填入表格中。開始輸入表格文字，會發現格式怎麼跑掉了？原本設定表格只有一頁怎麼跑到第二頁了？先不用擔心，後續會針對表格與文字格式再次調整。

01 參考下圖的表格輸入相關文字，或者直接開啟範例原始檔 <訂購單文字.txt> 複製相關文字貼上：

姓名			電話			發票抬頭			備註	
			手機			統一編號				
地址						取貨方式	自取	郵寄	宅配	
						指定交貨日	年	月	日	
E-mail						指定時段	上午	中午	晚上	

紅茶系列	商品項目	300克	數量	600克	數量	小計	禮盒系列	商品項目	150克	數量	300克	數量	小計
	阿薩姆	900元		1800元				茶包禮盒	200元		400元		
	紅玉	1200元		2500元				罐裝禮盒	300元		600元		
烏龍系列	商品項目	300克	數量	600克	數量	小計	茶具系列	商品項目	一杯組	數量	對杯組	數量	小計
	高山烏龍	700元		1400元				陶瓷	99元		180元		
	凍頂烏龍	600元		1200元				紫砂	120元		220元		
商品總金額				元	運費		元	總金額				元

訂購流程說明			付款方式		匯款資訊
1.填寫好訂單資料，以傳真方式至本公司，當天會有專員來電確認訂單項目與金額無誤後，再進行匯			匯款	購物滿1500元免運費，1500元以下另加運‧100元。	銀行：007第一銀行 戶名：詹心怡 帳號：043123456789
			ATM轉帳		
			貨到付款	每一訂單需加收‧30元	

款動作。 2.匯款完成，將匯款單收據傳真至本公司‧(寫上訂購人姓名、電話)，並以電話與專員確認匯款帳號末五碼是否正確 3.約三個工作天內出貨，年節請在15天前訂購！			手續費		

02 輸入好全部文字後，現在要於表格中插入 □ 矩形符號，將輸入線移至如圖位置，於 **插入** 索引標籤選按 **符號 \ 其他符號** 開啟對話方塊。

姓名			電話			發票抬頭			
						統一編號			
地址	**1**					取貨方式	自取	郵寄	
						指定交貨日	年	月	日
E-mail						指定時段	上午	中午	晚上

紅茶系列	商品項目	300 克	數量	600 克	數量	小計	禮盒系列	商品項目	150 克	數量	300 克	數量
	阿薩姆	900 元		1800 元				茶包禮盒	200 元		400 元	
	紅玉	1200 元		2500 元				罐裝禮	300 元		600 元	

03 設定 **字型：(一般文字)**、**子集合：幾何圖案**，選按 □ 符號，連按三次 **插入** 鈕，完成符號的插入。(**符號** 對話方塊還不需關閉，直接繼續後面的操作。)

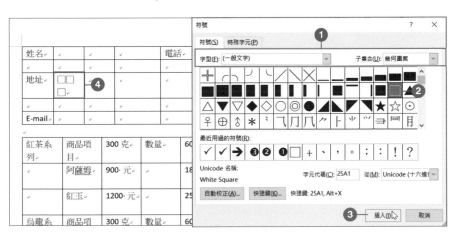

04 依相同方式，如圖在 "取貨方式"、"指定時段"、"付款方式" 選項中一一加入 □ 符號。

發票抬頭		
統一編號		
取貨方式	□自取	□郵寄	□宅配
指定交貨日	年	月	日
指定時段	□上午	□中午	□晚上
禮盒系	商品項	150 克	數量	300 克

付款方式		匯
□匯款	購物滿 1500 元免運費，1500 元以下另加運 100 元。	銀戶帳
□ATM 轉帳		
□貨到付款	每一訂單需加收 30 元手續費。	

05 接著將輸入線移至 "商品總金額" 文字前方，於 **符號** 對話方塊設定 **字型：Wingdings**，選按 ❶ 數字符號，再按 **插入** 鈕。

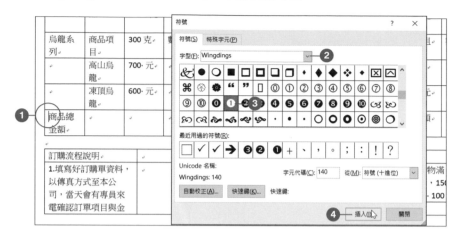

完成符號的插入。

06 依相同方式，如圖在 "運費 " 與 "總金額" 文字前方插入合適符號 ("+" 符號可直接輸入或於 **符號** 對話方塊設定 **字型：(一般文字)**、**子集合：基本拉丁文** 中找到並插入)，完成後按 **關閉** 鈕。

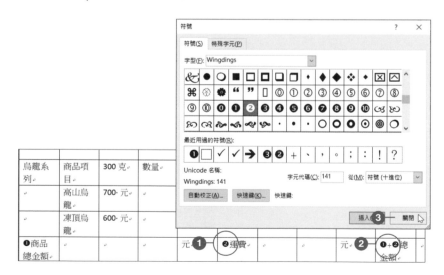

6.4 合併與對齊儲存格

運用 **合併儲存格** 和 **對齊儲存格** 功能，依如下步驟操作合併與對齊儲存格。

合併儲存格

01 首先選取 "姓名" 右側六個儲存格，於 **表格工具 \ 版面配置** 索引標籤選按 **合併儲存格**，六個儲存格即合併為一個。

02 依照相同方式，如圖 (紅框圈選處) 為第一個表格分別合併 "姓名"、"電話"、"手機"、"地址"、"E-mail"、"發票抬頭"、"統一編號"、"備註" 的相關儲存格。

03 如圖 (紅框圈選處) 為第二個表格分別合併 "紅茶系列"、"烏龍系列"、"禮盒系列"、"茶具系列" 的相關儲存格。

04 如圖 (紅框圈選處) 為第二個表格的第 3 列，分別合併相關儲存格。

	凍頂烏龍	600 元		1200 元			紫砂	120 元		220 元	
❶商品總金額			元	❷運費			元	❶+❷總金額			元

⬇

	龍										
	凍頂烏龍	600 元		1200 元			紫砂	120 元		220 元	
❶商品總金額	元			❷運費		元		❶+❷總金額	元		

05 如圖 (紅框圈選處) 為第三個表格分別合併 "訂購流程說明"、第 2 列前三個儲存格；"付款方式"、"購物滿1500..." 的相關儲存格。

訂購流程說明			付款方式		匯款資訊
1.填寫好訂購單資料，以傳真方式至本公司，當天會有專員來電確認訂單項目與金額無誤後，再進行匯			□匯款	購物滿 1500 元免運費，1500 元以下另加運 100 元。	銀行：007 第一銀行 戶名：詹心怡 帳號：043123456789
			□ATM 轉帳		
			□貨到付款	每一訂單需加收 30 元	

⬇

訂購流程說明			付款方式		匯款資訊
1.填寫好訂購單資料，以傳真方式至本公司，當天會有專員來電確認訂單項目與金額無誤後，再進行匯款動作。 2.匯款完成，將匯款單收據傳真至本公司。(寫上訂購人姓名、電話)，並以電話與專員確認帳號末五碼是否正確。 3.的三個工作天內出貨，年節請在 15 天前訂購！			□匯款 □ATM 轉帳	購物滿 1500 元免運費，1500 元以下另加運 100 元。	銀行：007 第一銀行 戶名：詹心怡 帳號：043123456789
			□貨到付款	每一訂單需加收 30 元手續費。	

對齊儲存格

對齊儲存格 可以將表格中的文字以置中、靠上、靠下或靠右對齊。

01 將滑鼠指標移至第一個表格第 1 欄的最上方呈 ↓ 狀，按一下滑鼠左鍵，即可選取該欄，於 **表格工具 \ 版面配置** 索引標籤選按 **置中對齊** (水平與垂直均置中儲存格擺放)。

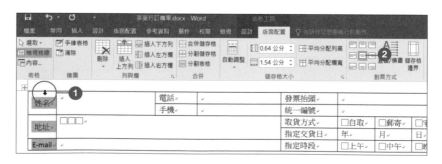

如圖 (紅框圈選處) 為其他儲存格內的文字指定對齊的方式：

第一個表格：設定文字 **置中對齊** 或 **置中靠右對齊** (年、月、日)

第二個表格：設定文字 **置中對齊** 或 **置中靠右對齊** (元)

第三個表格：設定文字 **置中對齊** (表格標題) 或 **置中左右對齊** (或置中靠左對齊)

調整儲存格欄寬、列高

將滑鼠指標移至第二個表格 "紅茶系列" 右側的框線上，呈 ⚓ 時，再按滑鼠左鍵不放往左、往右拖曳至如下圖的位置，如此一來即可快速調整欄的寬度，同樣的方式請調整 "禮盒系列" 的欄位寬度。

同樣的，將滑鼠指標移至列與列中間的框線上，呈 ≑ 時，再按滑鼠左鍵不放往上、往下拖曳，如此一來即可快速調整列的高度。

6.5 表格框線及網底

當表格與文字大致編排完成後,接下來就要為表格加上框線與網底,讓此訂購單變得更有設計感。

設定表格框線

接著要分別在三個表格,進行框線設定。

01 為第一個表格設定框線:先將輸入線移至第一個表格任一儲存格,於其左上角 ⊞ 移動控點上按一下選取整個表格,再於 **表格工具 \ 設計** 索引標籤選按 **框線** 對話方塊啟動器開啟對話方塊。

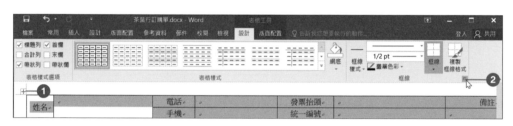

02 於 **框線** 標籤設定 **格線**、**樣式**:**實線**、**寬**:**1 1/2 pt**,設定 **套用至**:**表格**,再按 **確定** 鈕,這樣就完成第一個表格的框線設定。

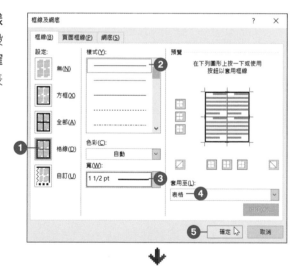

03 以相同的方式，分別為第二、三個表格設計上 **樣式：格線、寬：1 1/2 pt** 的表格框線。

紅茶系列	商品項目	300 克	數量	600 克	數量	小計	禮盒系列	商品項目	150 克	數量	300 克	數量	小計
	阿薩姆	900 元		1800 元				茶包禮盒	200 元		400 元		
	紅玉	1200 元		2500 元				罐裝禮盒	300 元		600 元		
烏龍系列	商品項目	300 克	數量	600 克	數量	小計	茶具系列	商品項目	一杯組	數量	對杯組	數量	小計
	高山烏龍	700 元		1400 元				陶瓷	99 元		180 元		
	凍頂烏龍	600 元		1200 元				紫砂	120 元		220 元		
❶商品總金額				元		❷運費			元		❶+❷總金額		元

訂購流程說明	付款方式		匯款資訊
1.填寫好訂購單資料，以傳真方式至本公司，當天會有專員來電確認訂單項目與金額無誤後，再進行匯款動作。 2.匯款完成，將匯款單收據傳真至本公司。(寫上訂購人姓名、電話)，並以電話與專員確認匯款帳號末五碼是否正確。 3.約三個工作天內出貨，年節請在 15 天前訂購！	☐匯款 ☐ATM 轉帳 ☐貨到付款	購物滿 1500 元免運費，1500 元以下另加運 100 元。 每一訂單需加收 30 元手續費。	銀行：007 第一銀行 戶名：詹心怡 帳號：043123456789

04 接著為第二個表格 "烏龍系列"、"茶具系列" 項目上方設定三線式框線：按滑鼠左鍵不放拖曳選取此範圍，於 **表格工具 \ 設計** 索引標籤選按 **框線** 對話方塊啟動器開啟對話方塊。

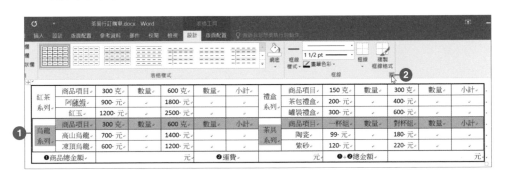

05 如右圖，於 **框線** 標籤設定 **自訂、樣式** 與 **寬**，在預覽區表格示意圖上方的邊線按一下滑鼠左鍵指定套用至上框線，設定 **套用至：儲存格**，按 **確定** 鈕。

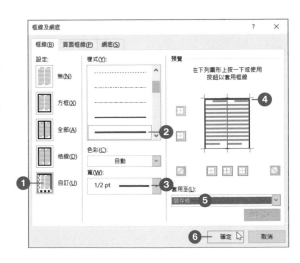

06 最後為 "商品總金額" 一整列的四邊設計雙框線：選取第二個表格下方 "商品總金額" 一列，於 **表格設計** 索引標籤選按 **框線** 對話方塊啟動器開啟對話方塊。

紅茶系列	商品項目	300 克	數量	600 克	數量	小計	禮盒系列	商品項目	150 克	數量	300 克	數量	小計
	阿薩姆	900 元		1800 元				茶包禮盒	200 元		400 元		
	紅玉	1200 元		2500 元				罐裝禮盒	300 元		600 元		
烏龍系列	商品項目	300 克	數量	600 克	數量	小計	茶具系列	商品項目	一杯組	數量	對杯組	數量	小計
	高山烏龍	700 元		1400 元				陶瓷	99 元		180 元		
	凍頂烏龍	600 元		1200 元				紫砂	120 元		220 元		
❶商品總金額			元	❷運費		元	❶+❷總金額						元

07 設定外框線為 **格線**、**樣式** 與 **寬**，在預覽區表格示意圖四個邊確認均套用，設定 **套用至：儲存格**，按 **確定** 鈕。

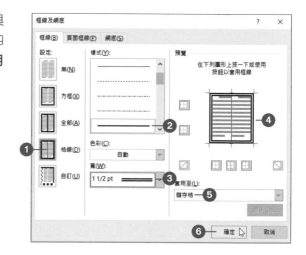

設定表格網底

表格網底即是指為表格的儲存格填滿色彩，在此為第二個表格 "紅茶系列"、"烏龍系列"、"禮盒系列" 與 "茶具系列" 儲存格，設計網底。

01 按 `Ctrl` 鍵不放，選取四個系列的儲存格，於 **表格工具 \ 設計** 索引標籤設定 **網底：橙色, 輔色 2, 較深 50%**。

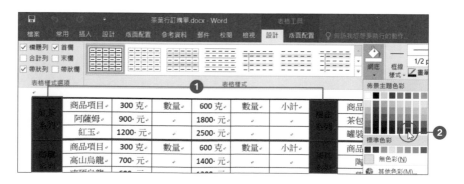

02 先於任一儲存格按一下滑鼠左鍵，取消前面的選取，再按 Ctrl 鍵不放，選取第二個表格的四個表頭，於 **表格工具 \ 設計** 索引標籤設定 **網底：橙色, 輔色 2, 較淺 80%**。

商品項目	300 克	數量	600 克	數量	小計		商品項目	150 克	數量	300 克	數量	小計
阿薩姆	900 元		1800 元				茶包禮盒	200 元		400 元		
紅玉	1200 元		2500 元				罐裝禮盒	300 元		600 元		
商品項目	300 克	數量	600 克	數量	小計		商品項目	一杯組	數量	對杯組	數量	小計
高山烏龍	700 元		1400 元				陶瓷	99 元		180 元		
凍頂烏龍	600 元		1200 元				紫砂	120 元		220 元		

03 選取第三個表格的表頭，於 **表格工具 \ 設計** 索引標籤設定 **網底：橙色, 輔色 2, 較深 50%**。

訂購流程說明	付款方式	匯款資訊
1.填寫好訂購單資料，以傳真方式至本公司，當天會有專員來電確認訂單項目與金額無誤後，再進行匯款動作。 2.匯款完成，將匯款單收據傳真至本公司 (寫上訂購人姓名、電話)，並以電話與專員確認匯款帳號末五碼是否正確。 3.約三個工作天內出貨，年節請在 15 天前訂購！	□匯款 □ATM 轉帳 □貨到付款	購物滿 1500 元免運費，1500 元以下另加運，100 元。 每一訂單需加收 30 元手續費。	銀行：007 第一銀行 戶名：詹心怡 帳號：043123456789

TIPS

使用 "表格樣式" 快速格式化整個表格

除了利用 **框線及網底** 對話方塊自行設計表格框線，若真的不知該如何設計時可以直接使用 **表格樣式** 快速的為表格套用各式設計好的框線與網底。

只要將輸入線放在表格中，於 **表格工具 \ 設計** 索引標籤選按 **表格樣式** 的 **其他** 清單鈕，將滑鼠指標放在每個表格樣式縮圖上，可以預覽表格套用後的外觀，待找到想套用的樣式後按一下該樣式縮圖即套用。

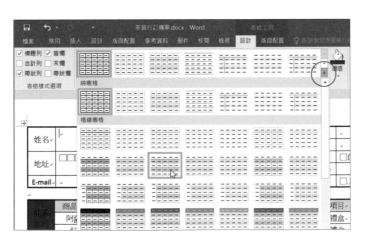

調整表格字型與標題文字

6.6

最後要於 **常用** 索引標籤調整文字的字型、大小與其他特殊格式設定，讓這份訂購單更加完善！

設定表格文字字型

01 選按 Ctrl + A 鍵選取全部表格，於 **常用** 索引標籤設定 **字型：華康細圓體**，再選取「E-mail」文字，於 **常用** 索引標籤設定 **字型大小：10 pt**。

02 取消前面的選取，按 Ctrl 鍵選取第二個表格內的四個系列與第三個表格的表頭，於 **常用** 索引標籤設定 **字型色彩：白色、粗體**。

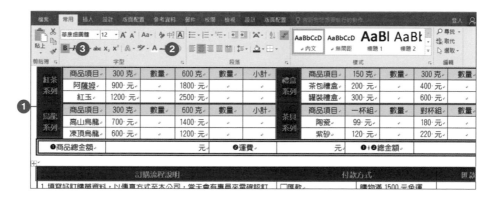

03 選取 "訂購流程說明" 下方文字，於 **常用** 索引標籤選按 **編號**，加上編號。(若編號有跑掉，再以手動方式調整。)

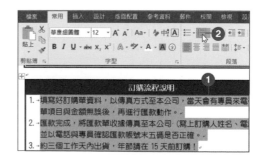

設定標題文字

最後要設定標題文字,輸入「東昇茶葉行訂購單」,並設定合適的文字格式。

01 將輸入線移到 "姓名" 文字最左方,按 Enter 鍵,於表格上方出現一段落,輸入標題文字「東昇茶葉行訂購單」。

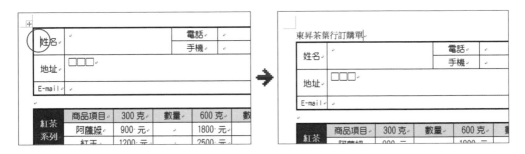

02 選取 "東昇茶葉行訂購單" 文字,於 **常用** 索引標籤設定 **字型**、**字型大小**、**字型色彩**、**粗體**、**置中**。

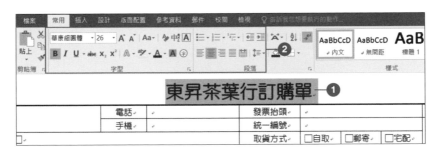

03 最後於表格最下方輸入文字「地址:545南投縣埔里鎮快樂路200號」、「訂購電話:049-2900111」、「訂購傳真:049-2900112」,並設定 **字型**、**字型大小**,即完成此章範例,記得儲存檔案。

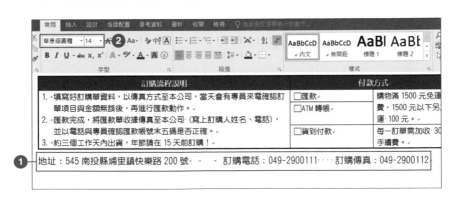

延伸練習

實作題

依如下提示完成 "表格式履歷表" 作品。

1. 開啟延伸練習原始檔 <表格式履歷表.docx>，輸入如圖文字，並於 **常用** 索引標籤設定 **字型：華康細圓體**、**字型大小：9 pt**、**靠右對齊** 與 **底線**。

2. 按二次 Enter 鍵，接著將輸入線移至目前文件中第六個段落，於 **插入** 索引標籤選按 **表格 \ 插入表格**，插入 5 欄 11 列的表格，設定 **靠左對齊**，取消 **底線**，並在第一欄輸入如圖文字。

姓名		
經歷		
學歷		
專長		
語言能力		
宗教信仰		
駕照		
婚姻狀況		
是否立即上班		
希望待遇		
自傳		

3. 將輸入線移至 "經歷" 文字最前方，於 **表格工具 \ 版面配置** 選按 **分割表格** 將一個表格分割成二個獨立小表格。

4. 為第二個表格的 "語言能力" 列及 "宗教信仰" 列分割儲存格：

將 "語言" 及 "宗教信仰" 右側原本 4 個儲存格各分割為：5 欄 1 列，並輸入如圖的 □ 符號及文字，中間用半型空白區隔。

語言能力	□ 國語	□ 台語	□ 英語	□ 日語	□ 其他
宗教信仰	□ 佛教	□ 道教	□ 基督教	□ 天主教	□ 無

5. 於 "學歷" 與 "專長" 下方分別插入二列。

學歷				
專長				

6. 分別合併 "姓名" 該儲存格及右側四個儲存格，"經歷"、"駕照"、"婚姻狀況"、"是否立即上班"、"希望待遇"、"自傳" 右側四個儲存格。

姓名	
經歷	

駕照	
婚姻狀況	
是否立即上班	
希望待遇	
自傳	

7. 分別合併 "學歷"、"專長" 該儲存格及下方二個儲存格，"學歷"、"專長" 右側十二個儲存格。

學歷	
專長	

8. 選取 "自傳" 該列，於 **表格工具 \ 版面配置** 索引標籤設定 **高度**：「 6 公分」，選按 **靠上左右對齊** (或 **對齊左上方**)。

9. 選取第一個表格，於 **表格工具 \ 版面配置** 索引標籤設定 **置中左右對齊** (或 **置中靠左對齊**)、高度：「 1 公分」，於 **表格工具 \ 設計** 索引標籤設定 **無框線、網底：藍色, 輔色1, 較淺40%**。

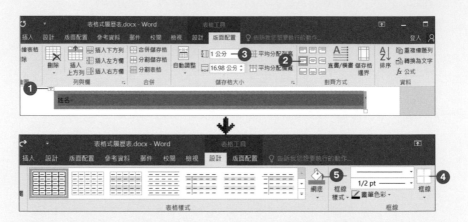

10. 選取第二表格，於 **表格工具 \ 設計** 索引標籤 **表格樣式選項** 功能區取消核選 **標題列、帶狀列** 與 **首欄**，再選按 **表格樣式-其他 \ 清單表格 2 - 輔色1**。

11. 於第一個及第二個表格分別設定 **字型大小：12 pt** 及 **10 pt**，第二個表格第一欄標題文字設定為：**藍色**，最後儲存檔案完成此範例。

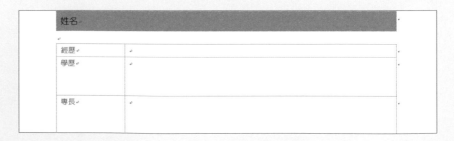

07

環湖步道
圖片插入與編輯

浮水印・線上圖片

外部圖片・文繞圖

螢幕擷取畫面・線上視訊

壓縮圖片

學習重點

"環湖步道" 主要學習加入圖片與視訊，但要與文字放在一起時，如何能不喧賓奪主，又能為這份作品加分，著實考驗著設計者的功力。

- ✚ 浮水印背景設定
- ✚ 插入外部圖片
- ✚ 圖片的外觀樣式
- ✚ 插入線上圖片
- ✚ 裁剪圖片與文繞圖
- ✚ 擷取視窗畫面
- ✚ 調整圖片大小與位置
- ✚ 圖片的校正
- ✚ 插入線上視訊影片
- ✚ 移除圖片背景
- ✚ 快速套用圖片美術效果
- ✚ 圖片瘦身 So Easy

原始檔：<本書範例 \ ch07 \ 原始檔 \ 環湖步道.docx>

完成檔：<本書範例 \ ch07 \ 完成檔 \ 環湖步道.docx>

7.1 浮水印背景的設定

使用圖片做為文件背景時，若是運用 **浮水印** 功能，即可避免編修文字時老是選到圖片的狀況。

01 開啟範例原始檔 <環湖步道.docx>，於 **設計** 索引標籤選按 **浮水印 \ 自訂浮水印** 開啟對話方塊，核選 **圖片浮水印** 並按 **選取圖片** 鈕開啟 **插入圖片** 視窗。

02 於 **從檔案** 項目右側選按 **瀏覽**。

03 選取範例原始檔 <雲.jpg> 再按 **插入** 鈕,接著設定 **縮放比例:600%**、取消核選 **刷淡**,完成後按 **確定** 鈕。

這樣文件就完成了套用圖片浮水印的效果。

▲ **浮水印** 功能會將指定的圖片淡化呈現,所以此處沒有核選 **刷淡** 效果。背景圖盡量挑選色彩較為鮮豔或深色的圖片,避免色彩太淺而無法顯現圖片的樣式。

7.2 線上圖片的應用與編修

Office 提供了線上圖片搜尋，可以下載並插入文件中，運用 Word 本身功能為圖片發揮創意。

插入線上圖片

01 將輸入線移至如圖段落文字的下方，並於 **插入** 索引標籤選按 **線上圖片** (或 **圖片 \ 線上圖片**) 開啟 **插入圖片** 視窗。

02 於 **Bing 影像搜尋** 項目右側的欄位輸入「湖」後按 Enter 鍵開始搜尋，在合適的圖片縮圖上按一下滑鼠左鍵，再按 **插入** 鈕。(搜尋後可於搜尋結果清單上方依 **大小**、**類型**、**色彩**...等篩選)

▲ 若選按 **顯示所有結果** 鈕 (或取消核選 **僅限 Creative Commons**) 可以擴大選擇範圍，但圖片使用需遵守智慧財產的規範，確保合法授權。

調整圖片大小與位置

當插入線上圖片或其他圖片至文件時，預設狀態下圖片會顯示於目前輸入線的位置並與文字並排，相當於一個特大文字，這時透過 **文繞圖** 功能調整圖片與文字的配置，讓二者排列以類似圖層的效果呈現。

01 在選取線上圖片的狀態下，於 **圖片工具 \ 格式** 索引標籤選按 **文繞圖 \ 文字在前**。

02 將滑鼠指標移至圖片上呈 時，按滑鼠左鍵不放拖曳至頁面左下角擺放。

03 接著將滑鼠指標移至圖片右上角的白色控點上，呈 ✧ 狀，按 Shift 鍵 + 滑鼠左鍵不放拖曳，等比例放大圖片同頁面寬度。

移除圖片背景

以往需要使用影像軟體才能完成圖片去背，現在在 Word 中就能輕易完成去背。

01 選取剛插入的湖景圖片，於 **圖片工具 \ 格式** 索引標籤選按 **移除背景**。

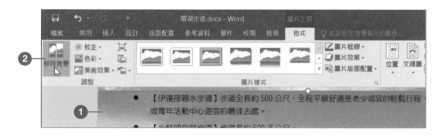

02 接下來於 **圖片工具 \ 背景移除** 索引標籤選按 **標示區域以保留**，保留山巒與湖面，移除不需要的背景。

選按 **捨棄所有變更**，會回到未編修的狀態。

選按 **刪除標記**，可以在想保留或要移除的區域標記上執行移除動作。

▲ 當進入背景移除的編輯畫面時，紫色區域表示 "不保留" 區域。

03 於左側欲保留處按滑鼠左鍵不放，由 Ⓐ 點拖曳到 Ⓑ 點，再放開滑鼠左鍵，表示此範圍予以保留。接著，於右側欲保留處按滑鼠左鍵不放，由 Ⓒ 點拖曳到 Ⓓ 點，再放開滑鼠左鍵，即標示完成。

TIPS

標示保留或移除區域會遇到的情況

當標示保留或移除區域時，原本未顯示的圖片會一併顯示；或者已設定顯示的圖片卻呈現隱藏，這時您可以在圖片想要顯示或未顯示的不同區域多按幾下滑鼠左鍵，以定點的方式標示圖片保留或移除區域。

04 標示完樹林與湖面要保留的區域後，山巒還有一些地方沒有處理好，依相同方式，如下圖於要保留的區域分別按滑鼠左鍵不放拖曳，標示範圍予以保留。最後於 **圖片工具 \ 背景移除** 索引標籤選按 **保留變更**，完成背景移除動作。

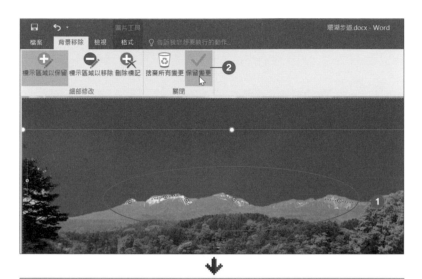

7.3 外部圖片的應用與編修

雖然可以利用 **線上圖片** 功能搜尋圖片，但現在人手一機隨處可拍，
大家平時累積的素材，也可利用插入圖片方式使用該圖片。

插入外部圖片

01 將輸入線移至 "日月潭環湖步道" 標題文字最前方，於 **插入** 索引標籤選按 **圖片**
(或 **圖片 \ 此裝置**) 開啟對話方塊。

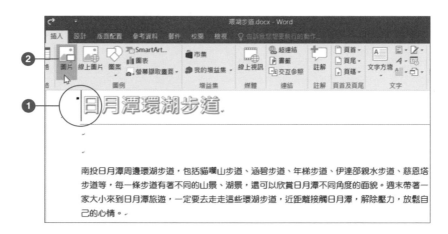

02 選取範例原始檔 <步道.jpg> 圖檔，按 **插入** 鈕。

裁剪圖片

利用 **裁剪** 功能保留重點部分,讓視覺更聚焦。選取步道圖片後,於 **圖片工具 \ 格式** 索引標籤選按 **裁剪** 清單鈕 \ **裁剪**,在出現裁剪控點後,拖曳右上角裁剪控點往左下 移動,裁剪出需要的圖片大小,完成後於空白處按一下滑鼠左鍵。

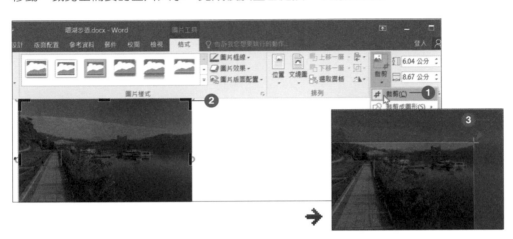

圖片的文繞圖

圖片透過 **文繞圖** 功能,指定要與文字同層排列或排列在頁面中自由移動,再次選取 步道圖片,於 **圖片工具 \ 格式** 索引標籤選按 **文繞圖 \ 矩形** 讓圖片貼近文字,將滑鼠 指標移至圖片上方,呈 狀,按滑鼠左鍵不放拖曳至如圖的位置擺放。

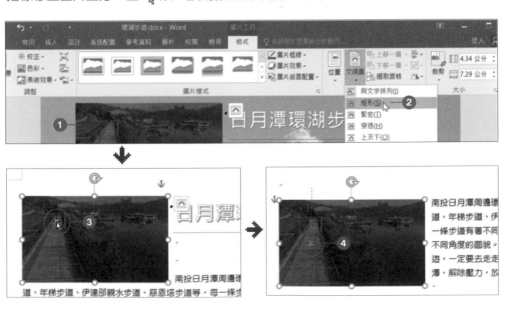

為圖片套用文繞圖

段落文字無法浮動，但圖片卻可以透過 **文繞圖** 功能設定成浮動狀態，並指定要與文字同層排列或排列在文字的上一層或下一層中，即可在頁面中移動。

文繞圖的方式有二種，首先範例中使用到的是套用 **圖片工具 \ 格式** 索引標籤 **文繞圖** 清單中的功能，會將所選取的物件直接設定文繞圖：

▲ 與文字排列

▲ 矩形

▲ 緊密

▲ 穿透

▲ 上及下

▲ 文字在前

▲ 文字在後

◀ **編輯文字區端點** (可透過區域端點數量與位置調整文繞圖範圍)

文繞圖於頁面特定位置

另外一個方式，是套用 **圖片工具 \ 格式** 索引標籤選按 **位置 \ 文繞圖** 清單中功能，會將所選取的物件以文繞圖的方式呈現在頁面上特定的位置：

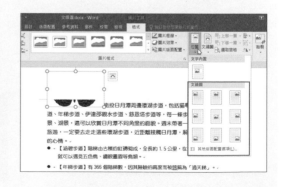

南投日月潭周邊環湖步道，包括貓囒山步道、涵碧步道、年梯步道、伊達邵親水步道、慈恩塔步道等，每一條步道有著不同的山景、湖景，適可以欣賞日月潭不同角度的面貌。週末帶著一家大小來到日月潭旅遊，一定要去走走這裡環湖步道，近距離接觸日月潭，解除壓力，放鬆自己的心情。
- 【涵碧步道】階梯由古積的紅磚砌成，全長約 1.5 公里，在清晨見到涵碧步道，就可以遇見五色鳥，繼續畫眉等鳥類。
- 【年梯步道】有 366 個階梯數，因其階數的高度而被號稱為「通天梯」。
- 【伊達邵親水步道】步道全長約 500 公尺，全程平緩舒適是老少咸宜的輕鬆行程，也是住伊達邵或青年活動中心遊客的最佳去處。
- 【水蛙頭自然步道】步道長約 500 多公尺。

▲ 左上方矩形文繞圖

南投日月潭周邊環湖步道，包括貓囒山步道、涵碧步道、年梯步道、伊達邵親水步道、慈恩塔步道等，每一條步道有著不同的山景、湖景，適可以欣賞日月潭不同角度的面貌。週末帶著一家大小來到日月潭旅遊，一定要去走走這裡環湖步道，近距離接觸日月潭，解除壓力，放鬆自己的心情。
- 【涵碧步道】階梯由古積的紅磚砌成，全長約 1.5 公里，在清晨見到涵碧步道，就可以遇見五色鳥，繼續畫眉等鳥類。
- 【年梯步道】有 366 個階梯數，因其階數的高度而被號稱為「通天梯」。
- 【伊達邵親水步道】步道全長約 500 公尺，全程平緩舒適是老少咸宜的輕鬆行程，也是住伊達邵或青年活動中心遊客的最佳去處。
- 【水蛙頭自然步道】步道長約 500 多公尺。

▲ 上方置中矩形文繞圖

南投日月潭周邊環湖步道，包括貓囒山步道、涵碧步道、年梯步道、伊達邵親水步道、慈恩塔步道等，每一條步道有著不同的山景、湖景，適可以欣賞日月潭不同角度的面貌。週末帶著一家大小來到日月潭旅遊，一定要去走走這裡環湖步道，近距離接觸日月潭，解除壓力，放鬆自己的心情。
- 【涵碧步道】階梯由古積的紅磚砌成，全長約 1.5 公里，在清晨見到涵碧步道，就可以遇見五色鳥，繼續畫眉等鳥類。
- 【年梯步道】有 366 個階梯數，因其階數的高度而被號稱為「通天梯」。
- 【伊達邵親水步道】步道全長約 500 公尺，全程平緩舒適是老少咸宜的輕鬆行程，也是住伊達邵或青年活動中心遊客的最佳去處。
- 【水蛙頭自然步道】步道長約 500 多公尺。

▲ 右上方矩形文繞圖

南投日月潭周邊環湖步道，包括貓囒山步道、涵碧步道、年梯步道、伊達邵親水步道、慈恩塔步道等，每一條步道有著不同的山景、湖景，適可以欣賞日月潭不同角度的面貌。週末帶著一家大小來到日月潭旅遊，一定要去走走這裡環湖步道，近距離接觸日月潭，解除壓力，放鬆自己的心情。
- 【涵碧步道】階梯由古積的紅磚砌成，全長約 1.5 公里，在清晨見到涵碧步道，就可以遇見五色鳥，繼續畫眉等鳥類。
- 【年梯步道】有 366 個階梯數，因其階數的高度而被號稱為「通天梯」。
- 【伊達邵親水步道】步道全長約 500 公尺，全程平緩舒適是老少咸宜的輕鬆行程，也是住伊達邵或青年活動中心遊客的最佳去處。
- 【水蛙頭自然步道】步道長約 500 多公尺。

▲ 中間靠左矩形文繞圖

南投日月潭周邊環湖步道，包括貓囒山步道、涵碧步道、年梯步道、伊達邵親水步道、慈恩塔步道等，每一條步道有著不同的山景、湖景，適可以欣賞日月潭不同角度的面貌。週末帶著一家大小來到日月潭旅遊，一定要去走走這裡環湖步道，近距離接觸日月潭，解除壓力，放鬆自己的心情。
- 【涵碧步道】階梯由古積的紅磚砌成，全長約 1.5 公里，在清晨見到涵碧步道，就可以遇見五色鳥，繼續畫眉等鳥類。
- 【年梯步道】有 366 個階梯數，因其階數的高度而被號稱為「通天梯」。
- 【伊達邵親水步道】步道全長約 500 公尺，全程平緩舒適是老少咸宜的輕鬆行程，也是住伊達邵或青年活動中心遊客的最佳去處。
- 【水蛙頭自然步道】步道長約 500 多公尺。

▲ 中間置中矩形文繞圖

▲ 中間靠右矩形文繞圖

南投日月潭周邊環湖步道，包括貓囒山步道、涵碧步道、年梯步道、伊達邵親水步道、慈恩塔步道等，每一條步道有著不同的山景、湖景，適可以欣賞日月潭不同角度的面貌。週末帶著一家大小來到日月潭旅遊，一定要去走走這裡環湖步道，近距離接觸日月潭，解除壓力，放鬆自己的心情。
- 【涵碧步道】階梯由古積的紅磚砌成，全長約 1.5 公里，在清晨見到涵碧步道，就可以遇見五色鳥，繼續畫眉等鳥類。
- 【年梯步道】有 366 個階梯數，因其階數的高度而被號稱為「通天梯」。
- 【伊達邵親水步道】步道全長約 500 公尺，全程平緩舒適是老少咸宜的輕鬆行程，也是住伊達邵或青年活動中心遊客的最佳去處。
- 【水蛙頭自然步道】步道長約 500 多公尺。

▲ 左下方矩形文繞圖

南投日月潭周邊環湖步道，包括貓囒山步道、涵碧步道、年梯步道、伊達邵親水步道、慈恩塔步道等，每一條步道有著不同的山景、湖景，適可以欣賞日月潭不同角度的面貌。週末帶著一家大小來到日月潭旅遊，一定要去走走這裡環湖步道，近距離接觸日月潭，解除壓力，放鬆自己的心情。
- 【涵碧步道】階梯由古積的紅磚砌成，全長約 1.5 公里，在清晨見到涵碧步道，就可以遇見五色鳥，繼續畫眉等鳥類。
- 【年梯步道】有 366 個階梯數，因其階數的高度而被號稱為「通天梯」。
- 【伊達邵親水步道】步道全長約 500 公尺，全程平緩舒適是老少咸宜的輕鬆行程，也是住伊達邵或青年活動中心遊客的最佳去處。
- 【水蛙頭自然步道】步道長約 500 多公尺。

▲ 下方置中矩形文繞圖

南投日月潭周邊環湖步道，包括貓囒山步道、涵碧步道、年梯步道、伊達邵親水步道、慈恩塔步道等，每一條步道有著不同的山景、湖景，適可以欣賞日月潭不同角度的面貌。週末帶著一家大小來到日月潭旅遊，一定要去走走這裡環湖步道，近距離接觸日月潭，解除壓力，放鬆自己的心情。
- 【涵碧步道】階梯由古積的紅磚砌成，全長約 1.5 公里，在清晨見到涵碧步道，就可以遇見五色鳥，繼續畫眉等鳥類。
- 【年梯步道】有 366 個階梯數，因其階數的高度而被號稱為「通天梯」。
- 【伊達邵親水步道】步道全長約 500 公尺，全程平緩舒適是老少咸宜的輕鬆行程，也是住伊達邵或青年活動中心遊客的最佳去處。
- 【水蛙頭自然步道】步道長約 500 多公尺。

▲ 右下方矩形文繞圖

圖片的校正

如果影像的品質不是很好，可以透過此方法改善圖片的亮度、對比或是銳利度。

01 選取步道圖片後，於 **圖片工具 \ 格式** 索引標籤選按 **校正**，清單中可選擇合適的對比特效套用。(此範例套用 **亮度: +40% 對比: +20%** 效果)

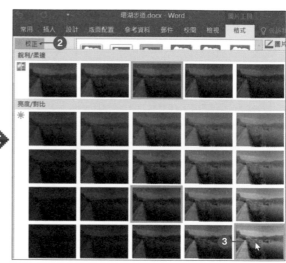

02 於 **圖片工具 \ 格式** 索引標籤選按 **色彩**，清單中可選擇合適的色調套用。(此範例套用 **色溫: 5300K** 效果)

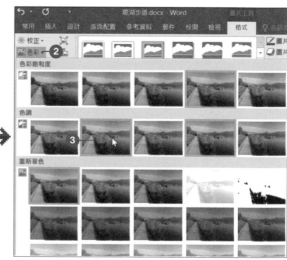

快速套用圖片美術效果

將美術效果套用至圖片，讓圖片看起來像是一張素描、繪圖或油畫。首先選取步道
圖片後，於 **圖片工具 \ 格式** 索引標籤選按 **美術效果**，清單中可選擇合適的美術效果
套用。(此範例套用 **繪圖筆刷** 效果)

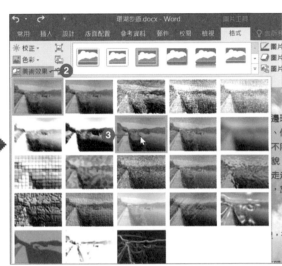

圖片的外觀樣式

選取圖片後，於 **圖片工具 \ 格式** 索引標籤選按 **圖片樣式 - 其他**，清單中可選擇合適
的樣式套用。(此範例套用 **旋轉, 白色** 效果)

7.4 螢幕擷取畫面與設定圖片樣式

完成大部分圖片設計後，最後利用 **螢幕擷取畫面** 功能替文件加上地圖路線圖，並美化外觀。

擷取視窗畫面

01 利用瀏覽器進入 Google Map「http://maps.google.com.tw」頁面，輸入「南投縣魚池鄉日月潭」文字，再按 **Enter** 鍵開始尋找該景點的交通位置圖，按 ◀ **收合側邊面板** 鈕，接著勿將視窗縮小，並切換回 Word 軟體視窗。

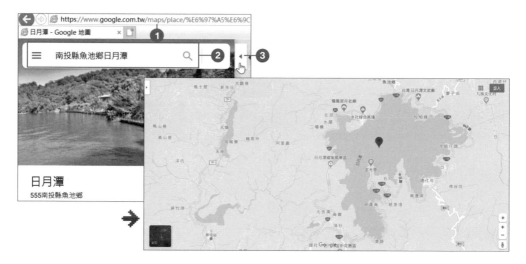

02 將輸入線移至段落文字最下方，於 **插入** 索引標籤選按 **螢幕擷取畫面**，在 **可用的視窗** 選按剛剛搜尋的路線縮圖。(若出現如下訊息，按 **否** 鈕)。

▲ 選按 **畫面剪輯** 可直接於畫面中擷取需要的區域畫面。

裁剪圖片並套用合適樣式

接著利用 **裁剪** 功能裁剪不必要的部分。

01 選取路線圖後，於 **圖片工具 \ 格式** 索引標籤選按 **裁剪** 清單鈕 \ **裁剪**，拖曳裁剪控點剪裁需要區域，再於文件空白處按一下滑鼠左鍵結束圖片裁剪。

02 選取路線圖，於 **圖片工具 \ 格式** 索引標籤選按 **圖片樣式-其他**，清單中選按 **浮凸矩形**，接著設定 **文繞圖 \ 文字在前**、高度：「4.5 公分」即可完成設定。

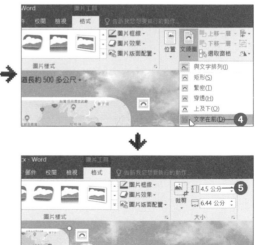

7.5 插入線上視訊影片

Word 文件中，還可以插入 YouTube 網站上合適的影片，插入的線上
影片可直接於 Word 中觀看。

擷取視訊影片

01 將輸入線移至地圖圖片的左側，於 **插入** 索引標籤選按 **線上視訊** 開啟視窗，於
YouTube 項目右側搜尋欄位中輸入「日月潭新聞」後，按 Enter 鍵。

02 在合適的影片縮圖上按一下滑鼠左
鍵，再按 **插入** 鈕即可插入影片。

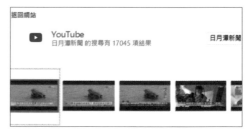

TIPS

在 Word 2019 插入線上影片

Word 2019 不支援直接以關鍵字搜尋 YouTube 的影片，需要先於網頁瀏覽器中找
到需要的影片，從網址列複製網頁的 URL 或影片
的內嵌程式碼，再回到 Word 於 **插入** 索引標籤選
按 **線上視訊** 開啟視窗貼上。(不是所有的線上影片
都能插入 Word 中，目前 Word 支援從 Vimeo、
YouTube 和 SlideShare.net 插入影片，但仍需遵
守各網站的使用條款。)

03 在選取影片的狀態下，於 **圖片工具 \ 格式** 索引標籤設定 **高度**：「4.5 公分」，接著再選按 **文繞圖 \ 文字在前**，將圖片調整至合適的位置。

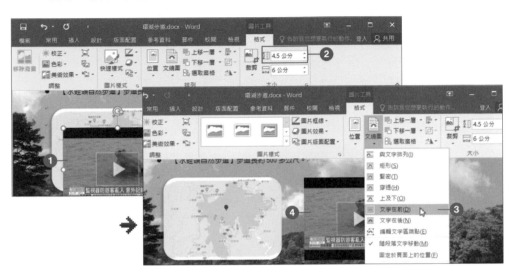

對齊物件

在選取影片的狀態下，按 Ctrl 鍵不放再選取路線圖，接著於 **圖片工具 \ 格式** 索引標籤選按 **對齊 \ 對齊選取的物件**，接著再選按 **垂直置中** 即可將二個物件彼此對齊。

為方便後續的練習，先於 **檔案** 索引標籤選按 **存檔** 將此作品先儲存。

7.6 圖片瘦身 So Easy

各式各樣的圖片，雖能豐富作品內容卻也增加了檔案大小。其實只要使用 **壓縮圖片** 功能，就可以藉由降低圖片解析度或移除圖片中裁剪的方式，快速為圖片瘦身。

01 選取要調整的圖片 (若要調整所有的圖片，可任選一張圖進行設定)，於 **圖片工具 \ 格式** 索引標籤選按 **壓縮圖片** 開啟對話方塊。

02 於選項中選擇要壓縮的項目，另外預設的圖片裁剪動作並不會真的刪除圖片內容，只是將該部分暫時隱藏起來，當再次透過 **裁剪** 功能便可將之前裁剪的部分拖曳出來，恢復圖片完整面貌。所以如果想要為圖片瘦身，建議可以移除圖片檔中裁剪的部分，藉此縮減檔案大小：

核選 **只套用到此圖片** 時，則僅套用至目前選取的圖片物件。

核選此項，會移除圖片中裁剪的部分。

核選要變更成的解析度。(解析度的數字愈小檔案愈小)

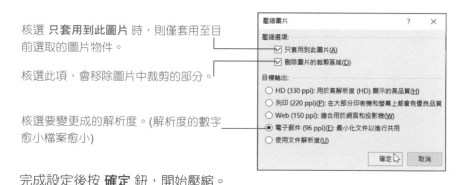

完成設定後按 **確定** 鈕，開始壓縮。

03 設定後怎麼好像沒有什麼動靜呢？別著急！請先為文件另存新檔後，再進入
檔案總管視窗，會發現原來檔案的大小由 3,595 KB，縮小為 3,352 KB。

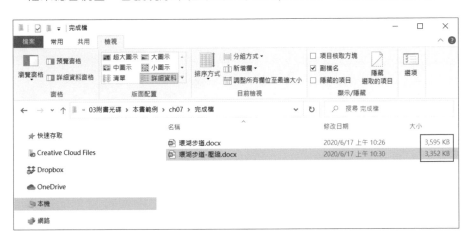

TIPS

其他壓縮圖片的方法

另外於 **檔案** 索引標籤選按 **另存新檔**，於對話方塊中選按 **工具 \ 壓縮圖片**，一樣
可以開啟 **壓縮圖片** 對話方塊設定。

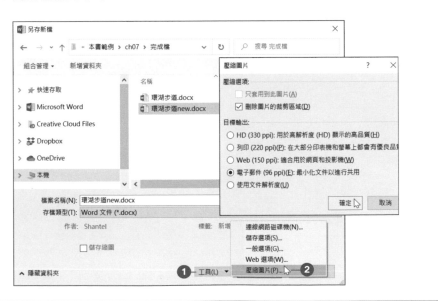

實作題

依如下提示完成 "美味 Cheese" 作品。

1. 開啟延伸練習原始檔 <美味Cheese.docx>，於 **設計** 索引標籤選按 **浮水印 \ 自訂浮水印** 開啟對話方塊後，核選 **圖片浮水印** 並按 **選取圖片** 鈕開啟視窗。

2. 於 **Bing 影像搜尋** 項目右側的搜尋欄位中輸入「cheese」後按 Enter 鍵，在合適的圖片縮圖上按一下滑鼠左鍵，再按 **插入** 鈕。

3. 設定 **縮放比例：150%**、取消核
   選 **刷淡**，按 **確定** 鈕。

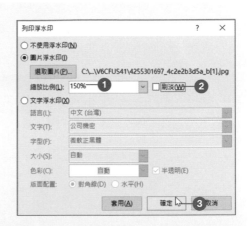

4. 將輸入線移至標題文字前方，插入二個如圖的「cheese」線上圖片 (類
   型：透明)，並適當調整其大小，接著於 **圖片工具 \ 格式** 索引標籤選按 **文
   繞圖 \ 矩形**，再將其調整至如圖位置 (部分線上圖片插入時下方會有版權宣
   告文字，請視情況調整)。

5. 為了讓作品更活潑，選取如左下圖的 cheese 圖片後，在上方中間控點
   上，按滑鼠左鍵不放，往右下角旋轉。

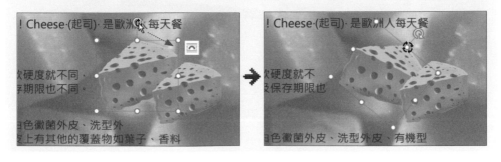

6. 將輸入線移至文字最後方，插入如圖的「cheese」線上圖片，於 圖片工具 \
   格式 索引標籤設定 高度：「6.5 公分」，再選按 文繞圖 \ 矩形。

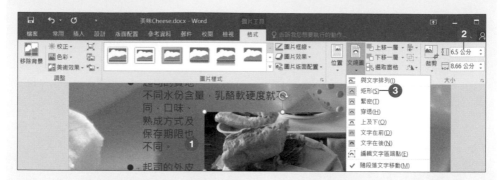

7. 插入如圖的「cheese」線上視訊，於 圖片工具 \ 格式 索引標籤設定高度
   「6.5」公分，再選按 文繞圖 \ 矩形。

8. 將圖片與視訊調整至合適的位置後，於 圖片工具 \ 格式 索引標籤選按 圖
   片樣式-其他 清單中選按 旋轉, 白色 效果，最後儲存檔案完成此範例。

08

旅遊導覽
圖案與文字藝術師

線上圖片・圖案

文字方塊

文字藝術師・頁面色彩

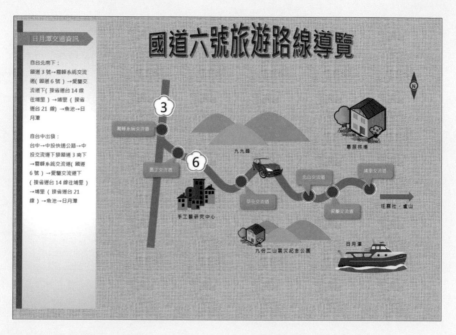

學習重點

"旅遊導覽" 的學習重點在於如何繪製圖案，並搭配圖片與文字藝術師，輕輕鬆鬆製作出專業的導覽地圖。

➕ 利用浮水印描繪路線圖
➕ 使用繪圖畫布繪製圖案
➕ 佈置線上透明圖片
➕ 圖說文字的設計

➕ 文字方塊的設計
➕ 插入文字藝術師
➕ 套用頁面色彩

原始檔：<本書範例 \ ch08 \ 原始檔 \ 旅遊導覽.docx>
完成檔：<本書範例 \ ch08 \ 完成檔 \ 旅遊導覽.docx>

8.1 利用浮水印描繪路線圖

繪製路線圖時，路線的精準度很重要，所以掃描手繪草稿或是地圖，
是描繪路線圖前的基礎準備工作。

01 開啟範例原始檔 <旅遊導覽.docx>，於 **設計** 索引標籤選按 **浮水印 \ 自訂浮水印**
開啟對話方塊。

02 核選 **圖片浮水印** 並按 **選取圖片** 鈕開啟 **插入圖片** 對話方塊，插入範例原始檔
<地圖.jpg>，接著設定 **縮放比例：350%**，取消核選 **刷淡**，按 **確定** 鈕。

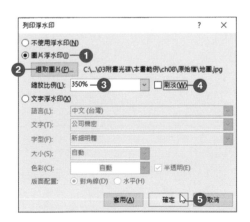

03 回到文件中，版面上即產生較淡的背景圖，接下來只要依據圖案描繪即可輕鬆完成後續的繪製動作。

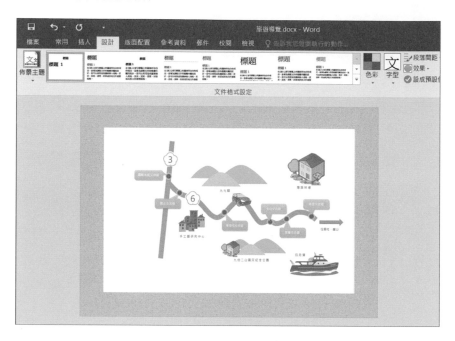

8.2 使用繪圖畫布繪製圖案

所謂的 "繪圖畫布" 是一個類似圖文框的區域，預設是不會有任何框線或色彩，當您在繪圖畫布裡插入或繪製 Word 圖案物件時，繪圖畫布可以有效協助文件中圖案物件的排列狀態。

建立繪圖畫布

01 於 **插入** 索引標籤選按 **圖案 \ 新增繪圖畫布**，建立一個繪圖畫布 (2019 版本請設定畫布的 **圖案填滿：無填滿**)。

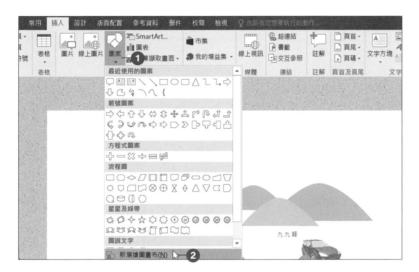

TIPS

插入圖案時自動建立繪圖畫布

如果覺得透過繪圖畫布設計與調整圖案時較為得心應手，建議可以將此項功能設定為自動產生。請於 **檔案** 索引標籤選按 **選項** 開啟對話方塊，在 **進階 \ 編輯選項** 核選 **插入快取圖案時自動建立繪圖畫布**。

02 在選取繪圖畫布狀態下，選按 ▣ **版面配置選項** 鈕 \ **文繞圖** \ **文字在前**，將繪圖畫布置於文字之後。

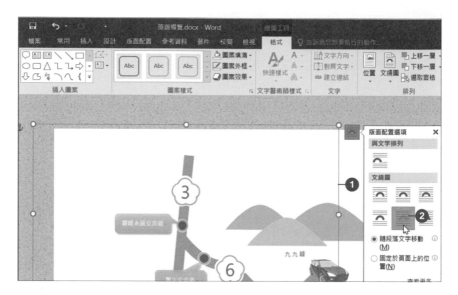

03 將滑鼠指標移至繪圖畫布的左右或上下框線中間，呈雙箭頭圖示時，按滑鼠左鍵不放拖曳至如圖的適當大小。將滑鼠指標移至圖案上呈 ⬚ 時，按滑鼠左鍵不放拖曳繪圖畫布至如圖位置擺放。

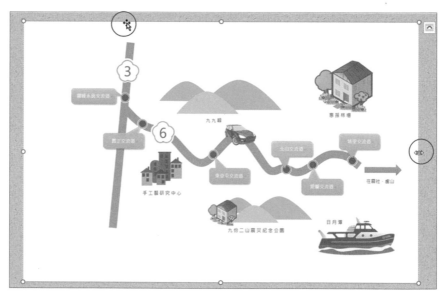

▲ 將繪圖畫布縮放到能涵蓋整個浮水印的路線圖

曲線路線的初步繪製

01 在選取繪圖畫布狀態下，於 **繪圖工具 \ 格式** 索引標籤選按 **插入圖案-其他**，清單中選按 **曲線**，當滑鼠指標移至文件上呈 ╋ 狀時準備繪製。

02 將滑鼠指標對準 **Ⓐ** 的地方按一下滑鼠左鍵，接著移動到 **Ⓑ** 點再按一下滑鼠左鍵，然後依序在 **Ⓒ**、**Ⓓ**、**Ⓔ**、**Ⓕ**、**Ⓖ**、**Ⓗ** 的點完成曲線的繪製，最後按一下 Esc 鍵取消動作。

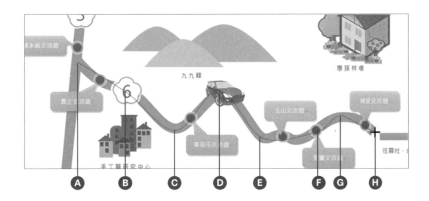

TIPS

插入圖案的方式

還沒新增繪圖畫布時，必須於 **插入** 索引標籤中選按 **圖案** 插入圖案；新增繪圖畫布後，只要在選取繪圖畫布狀態下，於 **繪圖工具 \ 格式** 索引標籤選按 **插入圖案-其他**，可以從清單中選按欲插入的圖案。

03 選取剛才繪製的曲線圖案，於 **繪圖工具 \ 格式** 索引標籤選按 **圖案樣式** 對話方塊啟動器開啟右側工作窗格，選按 **填滿與線條 \ 線條** 設定 **寬度：**「**15 pt**」 後按 **關閉** 鈕。

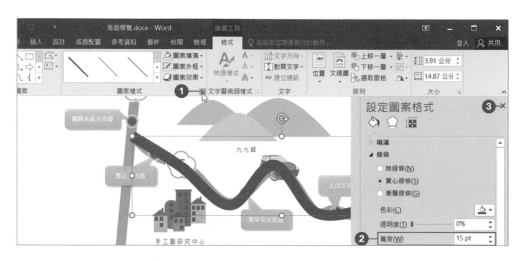

編輯曲線端點

初步畫出簡單的曲線後，接著利用 **編輯端點** 修飾線條。

01 選取剛才繪製的曲線圖案，於 **繪圖工具 \ 格式** 索引標籤選按 **編輯圖案 \ 編輯端點**。

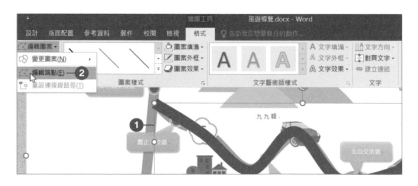

02 將滑鼠指標移至曲線的第一個端點上，呈 ✛ 狀，按一下滑鼠左鍵，端點即會出現 **控制桿**，拖曳右側的 **控制桿端點** (白色方塊) 讓線條呈現漂亮的曲線弧度。

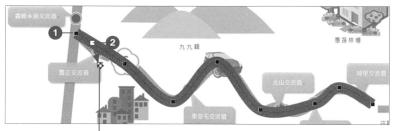

調整控制桿讓本段線條對準浮水印的圖樣

03 選取第二個 **端點** 出現 **控制桿** 後，拖曳右側的 **控制桿端點** 讓曲線更為自然的彎曲。

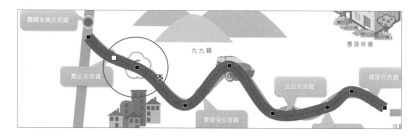

04 依相同方式完成其他 **端點** 的修飾，最後在空白處按一下滑鼠左鍵完成 **編輯端點** 的操作。

▲ 參考背景的浮水印圖樣修飾線條

TIPS

編輯端點的其他設定項目

不管是曲線、多邊形、徒手畫或是各種圖案，都是由許多 "端點" 與 "線條" 構成，只要於 "端點" 上按一下滑鼠右鍵，透過清單中的編輯項目，即可改變這些 "端點" 的數量或位置，達到修改外形的目的。

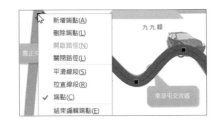

1. **新增端點** 或 **刪除端點**：可以在編輯的線段上新增或刪除端點。

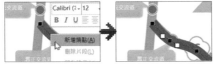

新增端點

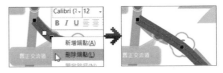

刪除端點

2. **開啟路徑** (或 **開放路徑**) 或 **關閉路徑** (或 **封閉路徑**)：透過這二項功能，可以將整線段路徑設定斷開或封閉的狀態。

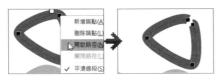

開啟路徑

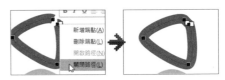

關閉路徑

3. **平滑線段**、**拉直線段** 或 **端點**：在端點設定上若要改變 **控制桿** 的作用，選按 **平滑線段** 為連結等長的 **控制桿**；**拉直線段** 為連結不等長的 **控制桿**；若要讓線段呈角度的方式，請選按 **端點**。

平滑線段

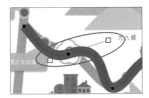

拉直線段

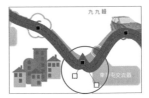

端點

4. **結束編輯端點**：除了在文件空白處按一下滑鼠左鍵，也可於清單中選按此項結束端點編輯。

繪製其他的路線

掌握了繪製曲線的技巧後，接下來利用相同的技法完成其他路線的繪製。

01 在選取繪圖畫布狀態下，於 **繪圖工具 \ 格式** 索引標籤選按 **插入圖案-其他**，清單中選按 **線條**。

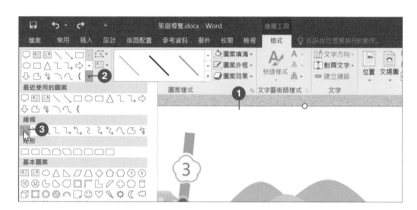

02 於文件左側 **A** 按滑鼠左鍵不放，拖曳至 **B** 繪製直線，然後於 **繪圖工具 \ 格式** 索引標籤選按 **圖案樣式** 對話方塊啟動器開啟右側工作窗格，選按 **填滿與線條 \ 線條** 設定 **寬度：**「15 pt」，按 **關閉** 鈕。

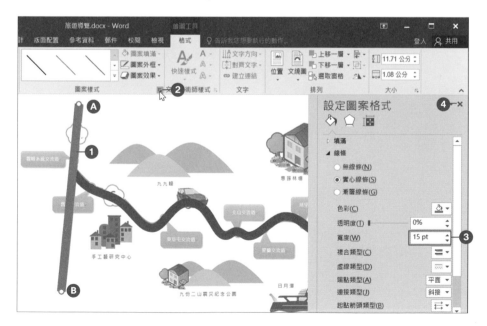

03 在選取繪圖畫布狀態下，按 `Ctrl` + `A` 鍵選取所有的線段，在任一線條上按一下滑鼠右鍵，選按 **群組** (或 **組成群組**) \ **組成群組** 組合物件。

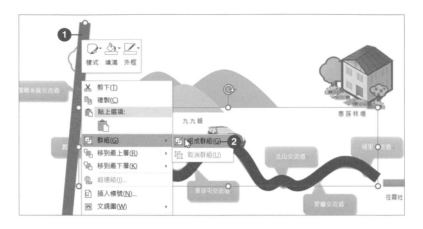

04 選取群組好的線段，於 **繪圖工具 \ 格式** 索引標籤選按 **圖案外框 \ 黑色, 文字 1, 較淺 50%**，完成繪製路線圖的第一步。

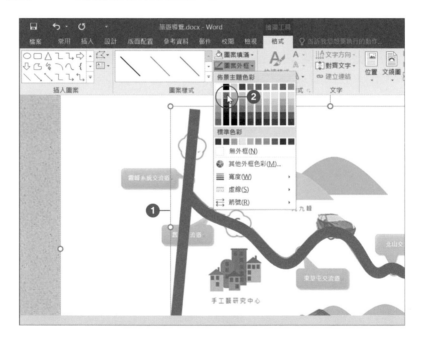

組合多個圓形圖案

一樣利用插入 **圖案** 的方法，使用多個圓形組合成國道梅花標示的形狀。

01 在選取繪圖畫布狀態下，於 **繪圖工具 \ 格式** 索引標籤選按 **插入圖案-其他**，清單中選按 **橢圓**。

02 當滑鼠指標呈 **＋** 狀，同時按 Shift 鍵及滑鼠左鍵不放，拖曳出一個正圓形。

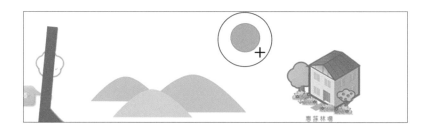

03 在選取圓形圖案的狀態下，按四次 Ctrl + D 鍵再製出另外四個圓形圖案，並調整至如圖位置擺放。

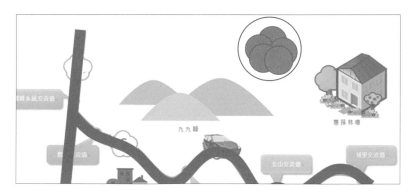

04 按 Ctrl 鍵不放選取這五個圓形，在任一圓形上按一下滑鼠右鍵，選按 **群組** (或 **組成群組**) \ **組成群組** 組合物件。

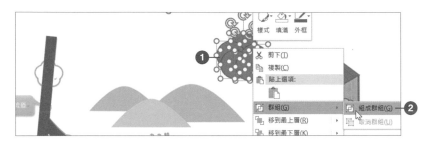

05 在選取圖案狀態下，按二次 Ctrl + D 鍵再製出另外二個相同圖案，接著如圖標示於 **繪圖工具** \ **格式** 索引標籤分別設定圖案大小。

寬度：「1.41」、高度：「1.48」　寬度：「1.61」、高度：「1.68」

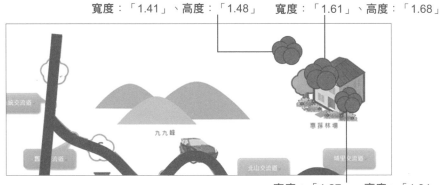

寬度：「1.27」、高度：「1.34」

06 按 Ctrl 鍵不放選取最大與最小圖案，於 **繪圖工具** \ **格式** 索引標籤選按 **圖案外框** \ **白色**，再設定 **圖案填滿** \ **白色**。

07 選取如圖未設定的圖案，於 **繪圖工具 \ 格式** 索引標籤選按 **圖案樣式** 對話方塊啟動器開啟右側工作窗格，選按 **填滿與線條 \ 填滿** 核選 **實心填滿**，設定 **色彩：白色**。**線條** 設定 **色彩：綠色, 輔色6, 較深 25%**、**寬度：「2pt」**、**複合類型：細粗**，按 **關閉** 鈕。

08 接著要將三個圖形重疊起來變成國道梅花標示，選取有框線的梅花圖形，於 **繪圖工具 \ 格式** 索引標籤選按 **上移一層** 清單鈕 \ **移到最上層**，然後按滑鼠左鍵不放拖曳至最大白色圖形上方如圖位置擺放。

09 選取最小的梅花圖形，於 **繪圖工具 \ 格式** 索引標籤選按 **上移一層** 清單鈕 \ **移到最上層**，然後按滑鼠左鍵不放拖曳至有加框線的圖形上方如圖位置擺放。

10 接下來按滑鼠左鍵不放，由 **A** 拖曳至 **B** 將三個圖案選取起來，然後在圖案上按一下滑鼠右鍵，選按 **群組** (或 **組成群組**) \ **組成群組** 組合物件。

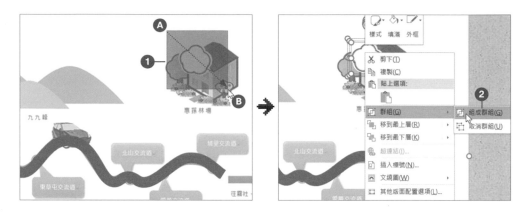

11 按 `Ctrl` + `D` 鍵再製出一個相同圖案，並分別擺放到如圖位置，完成國道梅花標示圖案的建置。

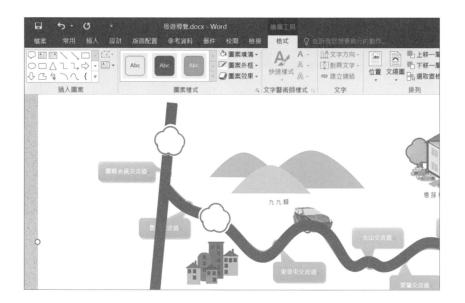

繪製道路標註點

在選取繪圖畫布狀態下,再次利用插入 **圖案** 於路線圖上標註交流道的位置,讓地圖呈現更清楚。

01 照著浮水印的圖樣先繪製一樣大小的橢圓形,然後於 **繪圖工具 \ 格式** 索引標籤選按 **圖案樣式** 對話方塊啟動器開啟右側工作窗格。

02 選按 **填滿與線條 \ 填滿** 核選 **實心填滿**,設定 **色彩:紅色**。**線條** 核選 **實心線條**,設定 **色彩:白色**、**寬度:「3 pt」**、**複合類型:雙線**,按 **關閉** 鈕。

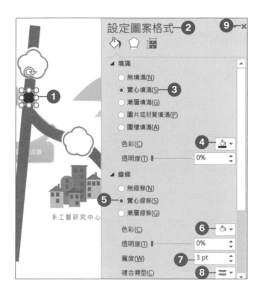

03 在選取圖案狀態下,按五次 **Ctrl** + **D** 鍵貼上另外五個圖案,接著參考如圖位置調整與擺放。

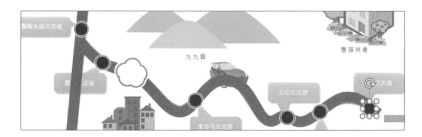

04 最後於 **設計** 索引標籤選按 **浮水印 \ 移除浮水印** 清除背景的浮水印效果,完成路線圖道路部分的繪製 (也可斟酌情況待後續整份導覽圖完成再移除)。

8.3 佈置線上透明圖片

接下來要插入一些線上的透明圖片，分別代表路線導覽圖中的山區、房子、車...等地標。

01 在選取繪圖畫布狀態下，於 **插入** 索引標籤選按 **線上圖片** (或 **圖片 \ 線上圖片**) 開啟 **插入圖片** 視窗，於 **Bing 影像搜尋** 右側欄位輸入「車」按 Enter 鍵，設定 **類型：透明** (或 ▽ \ **類型 \ 透明**)，選取如圖的圖片後，按 **插入** 鈕，並調整合適大小及位置。

02 參考下圖分別搜尋相關的線上圖片，一一插入並縮放適當大小，擺放至合適位置。

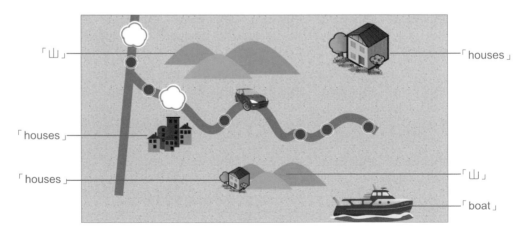

圖說文字的設計

8.4

圖文導覽上常會看到標籤圖案的說明區塊，這裡可以插入 **圖說文字** 類型圖案呈現出相似的設計。

插入圖說文字

01 在選取繪圖畫布狀態下，於 **繪圖工具 \ 格式** 索引標籤選按 **插入圖案-其他**，清單中選按 **圓角矩形圖說文字**。

02 當滑鼠指標呈 ✚ 狀，在合適的位置按滑鼠左鍵不放，拖曳出合適大小的圖說文字物件。

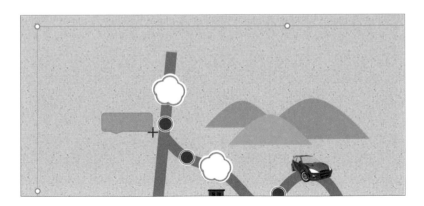

套用圖案樣式及變更色彩

01 在選取圖說物件狀態下，於 **繪圖工具 \ 格式** 索引標籤選按 **圖案樣式-其他**，清單中選擇合適的樣式套用 (此例套用 **溫合效果 - 綠色, 輔色 6**)。

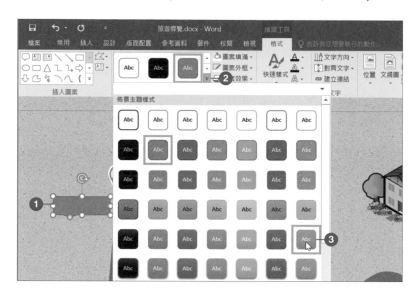

02 接著變更圖案物件的色彩透明度，在選取圖說物件狀態下，於 **繪圖工具 \ 格式** 索引標籤選按 **圖案樣式** 對話方塊啟動器開啟右側工作窗格，於 **填滿與線條 \ 填滿** 設定 **透明度：「50%」、亮度：「5%」**，完成後按 **關閉** 鈕。

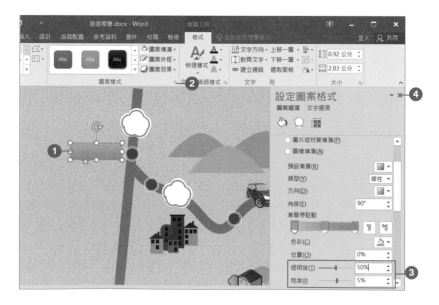

調整圖案與輸入文字

產生的圖案，除了可以利用 **控點** 調整外觀外，還可以輸入文字。

01 將滑鼠指標移至圖說物件的黃色控點上，呈 ◹ 狀，按滑鼠左鍵不放往右上拖曳，將圖說指向交流道標註點，然後放開滑鼠左鍵。

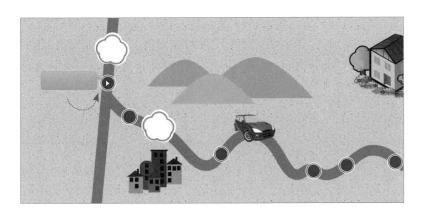

02 於 **圖說文字** 圖案中按一下滑鼠左鍵出現輸入線，輸入「霧峰系統交流道」文字，如下圖設定文字格式，並利用四周的白色控點適當的縮放圖案的大小以配合文字。

於 **常用** 索引標籤設定 **字型**：微軟正黑體、字型大小：**9 pt**、置中。

TIPS

透過滑鼠右鍵為圖案新增文字

除了可以在 **圖說文字** 圖案直接輸入文字內容外，也可以在其他插入的圖案上按一下滑鼠右鍵，選按 **新增文字**，一樣可以輸入文字。

套用陰影與再製圖案

透過 Word 提供的 **圖案效果** 強化圖案設計，並進行再製，快速完成其他 **圖說文字** 物件的佈置。

01 在選取圖說物件狀態下，於 **繪圖工具 \ 格式** 索引標籤選按 **圖案效果 \ 陰影 \ 右下方對角位移**。

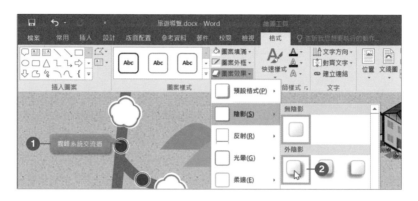

02 按 `Ctrl` 鍵不放將滑鼠指標移至 **圖說文字** 圖案上呈 狀，按滑鼠左鍵不放拖曳到旁邊可以再製出相同的圖案，最後修改文字內容，並拖曳黃色控點及白色控點變更圖案外觀。

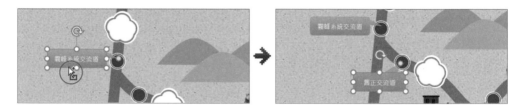

03 依照前面的步驟，再製出其他的交流道圖說，並利用範例原始檔 <導覽圖內容文字.txt> 提供的交流道資訊，進行置換。

8.5 文字方塊的設計

文件編輯區中的文字不能自由移動，但如果想將文字任意移動至特定位置時，可以利用 **文字方塊** 的特性呈現。

繪製文字方塊

以下利用文字方塊標示各個景點的名稱。

01 在選取繪圖畫布狀態下，於 **插入** 索引標籤選按 **文字方塊 \ 繪製文字方塊** (或 **繪製水平文字方塊**)。

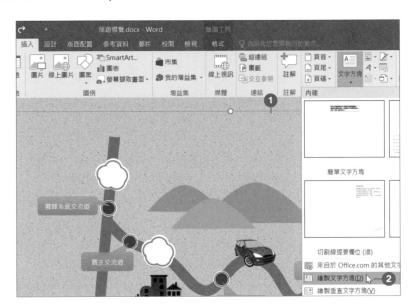

02 在適當的位置按滑鼠左鍵不放，拖曳出合適大小的文字方塊。

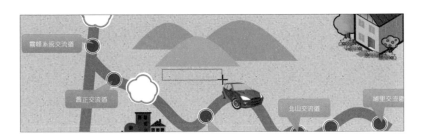

03 在選取文字方塊的狀態下，於 **繪圖工具 \ 格式** 索引標籤選按 **圖案填滿 \ 無填滿**，**圖案外框 \ 無外框**。

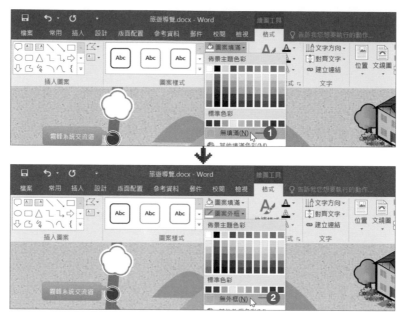

▲ 透過圖案填滿及外框的設定，讓文字方塊呈現透明狀態。

設定字型樣式

01 開啟範例原始檔 <導覽圖內容文字.txt>，複製 "九九峰" 文字並貼於文字方塊中。接著選取文字，於 **常用** 索引標籤設定 **字型：微軟正黑體、字型大小：9、置中**。

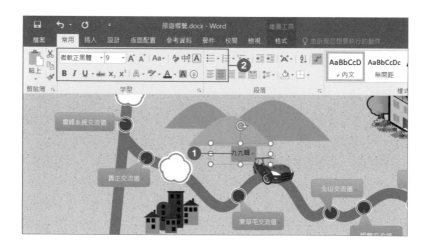

02 在選取文字狀態下，於 **常用** 索引標籤選按 **字型** 對話方塊啟動器開啟對話方塊，於 **進階** 標籤設定 **間距：加寬、點數設定：1 點**，完成後按 **確定** 鈕加寬景點文字間的間距。

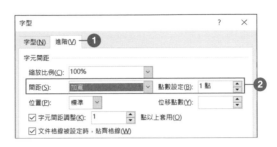

03 依照前面的設定，參考下圖完成其他景點名稱及高速公路編號標示。

字型：微軟正黑體、字型大小：**25**

04 依照前面的方法，插入 **向右箭號** 圖案並調整合適的圖案樣式。

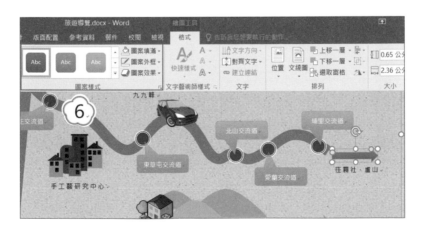

插入內建文字方塊

01 在沒有選取繪圖畫布狀態下，將輸入線移至文件如圖位置上，於 **插入** 索引標籤選按 **文字方塊 \ 絲縷提要欄位** 插入內建的文字方塊樣式。

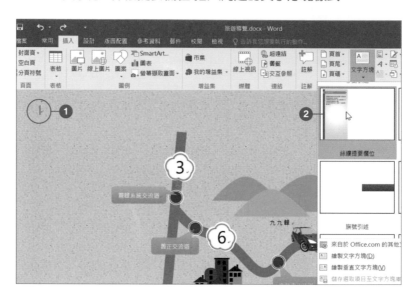

02 選按文字方塊最外層的邊框，接著選按 □ **版面配置選項** 鈕 \ **文繞圖 \ 文字在前**。

03 將文字方塊調整合適大小並移至文件左側擺放，再調整繪製畫布至合適的位置擺放。

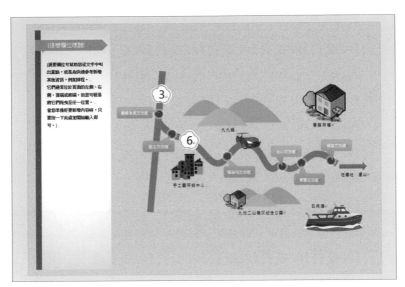

04 開啟範例原始檔 <導覽圖內容文字.txt> 複製導覽圖的相關說明文字，再貼到文字方塊中，接著於 **常用** 索引標籤調整字型樣式後，適當的縮放文字方塊大小以符合文字內容。

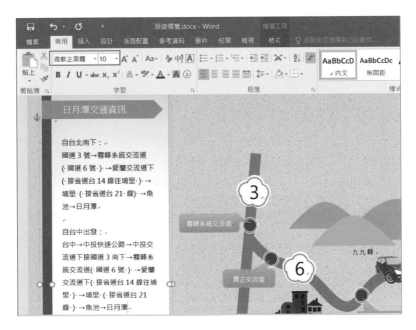

插入文字藝術師

運用文字藝術師為導覽圖加上標題文字。

快速套用文字藝術師

01 將輸入線移至左側文字方塊上方的段落中，輸入「國道六號旅遊路線導覽」，選取後於 **插入** 索引標籤選按 **文字藝術師 \ 填滿 - 黑色, 文字 1, 外框 - 背景 1, 強烈陰影 - 輔色 1**。

02 在選取文字藝術師文字方塊狀態下，選按 **版面配置選項** 鈕 **\ 文繞圖 \ 文字在後**，調整文字藝師前後的位置，然後於 **常用** 索引標籤設定字型樣式並移至合適位置。

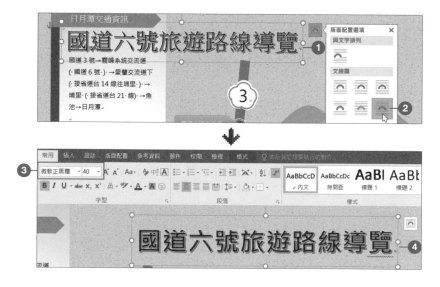

設定文字藝術師效果

套用 **文字藝術師** 後，可以利用 **文字效果** 改變外觀。

01 在選取文字藝術師文字方塊的狀態下，於 **繪圖工具 \ 格式** 索引標籤選按 **文字效果 \ 轉換 \ 向上三角形**。

02 在選取文字藝術師物件的狀態下，利用控點可以調整大小；而拖曳黃色控點，可以調整變形程度。

03 按 Ctrl 鍵不放選取文字藝術師物件及畫布，於 **繪圖工具 \ 格式** 索引標籤選按 **對齊 \ 水平置中**，將文字藝術師物件與畫布調整為置中。

8.7 套用頁面色彩

最後幫文件套上好看的畫布材質背景，讓這個路線導覽的範例呈現更加的美觀。

01 於 **設計** 索引標籤選按 **頁面色彩 \ 填滿效果** 開啟對話方塊。

02 於 **材質** 標籤選按 **畫布**，按 **確定** 鈕。

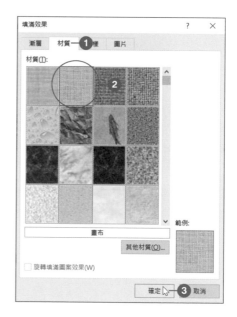

最後還可以於 **插入** 索引標籤選按 **圖案 \ 等腰三角形、甜甜圈** 繪製簡單的指北針 (可參考完成檔)，完成後別忘了儲存作品檔案。

延 伸 練 習

實作題

依如下提示完成 "特賣會海報" 作品。

1. 開啟一個新文件，於 **設計** 索引標籤選按 **浮水印\自訂浮水印**，核選 **圖片浮水印**，並按 **選取圖片** 鈕插入延伸練習原始檔 <batman.jpg>，設定 **縮放比例：自動**，取消核選 **刷淡**，按 **確定** 鈕。

2. 於 **插入** 索引標籤選按 **圖案\⌒ 曲線**，繪製面具左邊的眼睛及上方圖形，繪製後可利用 **編輯端點** 調整圖形。

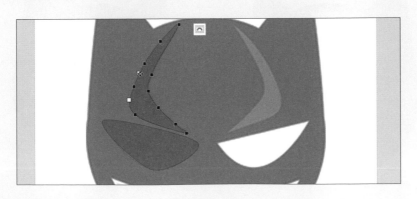

3. 分別將二個圖形物件填色，上方的圖形物件設定 **圖案填滿：白色, 背景1, 較深 25%**、**圖案外框：無外框**；眼睛物件設定 **圖案填滿：白色**、**圖案外框：無外框**。

4. 選取左邊二個圖形物件，按 `Ctrl` + `D` 鍵複製，接著於 **繪圖工具 \ 格式** 索引標籤選按 **旋轉 \ 水平翻轉**，再將圖案分別移到右邊相關位置擺放。

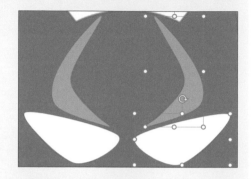

5. 一樣利用 `◠` **曲線** 圖案繪製面具的嘴巴，填色設定 **圖案填滿：金色, 輔色4, 較淺 80%**、**圖案外框：無外框**。

6. 利用 `◯` **橢圓**、`△` **等腰三角形** 繪製面具臉與耳朵，調整大小及旋轉角度後，按 `Ctrl` 鍵不放選取三個面具物件，設定 **圖案填滿：黑色**、**圖案外框：無外框**，並於選取的面具物件上按一下滑鼠右鍵選按 **移到最下層 \ 移到最下層**。

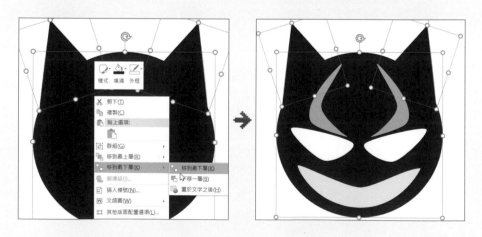

7. 按 Ctrl 鍵不放選取全部面具物件，於面具物件上按一下滑鼠右鍵選按 **群組** (或 **組成群組**) \ **組成群組**，群組全部面具物件，然後移除浮水印完成蝙蝠俠面具的繪製。

8. 選取面具物件並縮放至合適大小後，按四次 Ctrl + D 鍵再製出四個面具物件，再分別調整如下圖位置擺放。

9. 再來要各別為面具物件變更主體色彩，先選取最左邊的面具物件，在面具左邊耳朵上按一下滑鼠左鍵，接著按 Ctrl 鍵不放選取右邊耳朵與臉圖形物件，設定 **圖案填滿：紫色**。依相同方式，為其他三個面具物件分別套用 **淺藍**、**粉紅色** 與 **淺綠** 色彩。

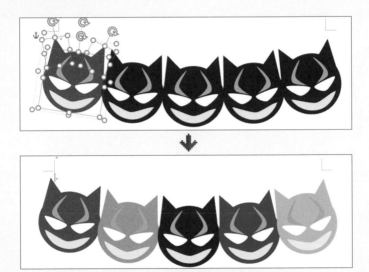

10. 於 **插入** 索引標籤選按 **圖案 \ 橢圓**，在文件中拖曳出如圖大小的橢圓物件，設定 **圖案填滿：金色, 輔色4**、**圖案外框：無外框**，於物件上按一下滑鼠右鍵選按 **移到最下層 \ 移到最下層**。

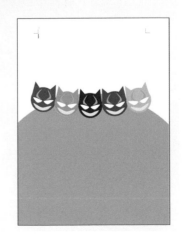

11. 接下來運用文字藝術師製作標題文字，在海報上方按一下滑鼠左鍵出現輸入線，輸入「萬聖節」後按 Enter 鍵，再輸入「面具特賣會」。選取二行標題文字後於 插入 索引標籤選按 文字藝術師 \ 填滿-金色, 輔色4, 軟性浮凸，於 常用 索引標籤設定 字型：華康海報體 W12、字型大小：75pt、取消 粗體，選按 版面配置選項 \ 文繞圖 \ 文字在後，再將物件移動到合適的位置。

12. 依相同的方式製作文字藝術師「統統 2 折起！」，設定 文字藝術師：填滿-金色, 輔色4, 軟性浮凸，字型：華康海報體 W12、字型大小：36 pt、字型色彩：紅色、取消 粗體，選按 版面配置選項 \ 文繞圖 \ 文字在後，再將物件移動到海報下方的位置。

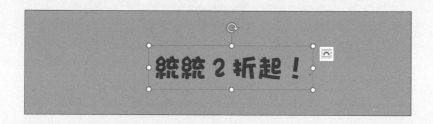

13. 新增一文字方塊，開啟延伸練習原始檔 <特賣會文字.txt>，複製相關內容文字進行貼上，設定 字型：微軟正黑體、字型大小：26 pt、粗體，調整文字方塊大小，設定 圖案填滿：無填滿、圖案外框：無外框，再將文字方塊移到合適位置擺放。

14. 插入 **線上圖片**，輸入搜尋關鍵字「萬聖節」、「masks」，選取 **透明** 類型的合適圖片後按 **插入** 鈕，並調整至合適的大小及位置。

15. 最後於 **設計** 索引標籤選按 **頁面色彩 \ 填滿效果**，於 **圖樣** 標籤選按 **10%** 樣式，**前景**：**綠色, 輔色6**、**背景**：**白色**，按 **確定** 鈕，儲存檔案後完成範例。

NOTE

09

單車生活
SmartArt 圖形與圖表設計

設計原則

SmartArt 圖形・文字窗格

圖表・版面配置與樣式

文字格式

學 習 重 點

"單車生活" 主要學習運用 SmartArt 圖形與圖表設計功能,透過內建的色彩與樣式套用,加強整體示意圖的美觀與視覺效果。

- ➕ SmartArt 設計原則
- ➕ 插入 SmartArt 圖形
- ➕ 調整 SmartArt 圖案階層
- ➕ 利用文字窗格輸入文字
- ➕ 變更 SmartArt 圖形色彩

- ➕ 套用 SmartArt 樣式
- ➕ 調整 SmartArt 圖形
- ➕ 圖表設計原則
- ➕ 插入圖表
- ➕ 輸入圖表資料

- ➕ 編輯圖表資料
- ➕ 快速套用版面樣式
- ➕ 取消圖表背景色
- ➕ 資料數列格式
- ➕ 圖表文字格式設定

原始檔:<本書範例\ch09\原始檔\單車生活.docx>
完成檔:<本書範例\ch09\完成檔\單車生活.docx>

9.1 SmartArt 設計原則

圖形的表現方式有時候會比文字的效果更好，SmartArt 圖形可以突顯內容的重點，用動態的視覺效果說明流程、概念、階層和關係，為文件增添豐富的視覺效果和多樣性。

以下有幾點關於 SmartArt 的設計原則提供給您。

例 1：選擇合適的 Smart Art 圖形樣式

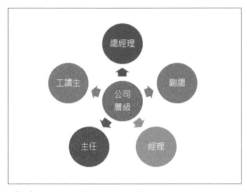

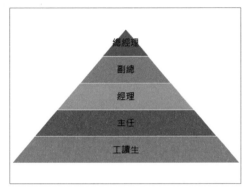

✖ 層級式的資料，如公司組織架構以放射性的圖形呈現較不合適，無法了解由上至下的從屬關係。

◯ 層級式資料較常用的是 SmartArt 圖形中的 階層圖，另外 金字塔圖 也是一個不錯的選擇。

例 2：符合觀眾的瀏覽習慣

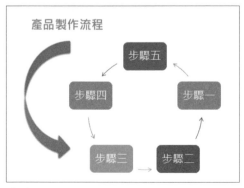

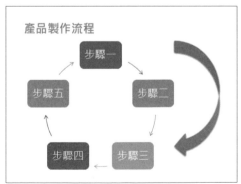

✖ 遵循由上而下、由左而右、由內而外的設計原則，上圖逆時鐘的呈現方式違反了一般觀眾瀏覽的習慣。

◯ 以圓形的 循環圖 來說，十二點鐘方向順時鐘的瀏覽方式不僅符合一般觀眾的瀏覽習慣，也能有效的呈現文件內容。

建立 SmartArt 圖形

9.2

除了使用文字、圖案、圖片設計文件外，還可利用 SmartArt 圖形工具，其中每個類型都包含數種不同的版面配置，只要在任一圖形輸入相關文字，就能快速建立美觀的圖表。

插入 SmartArt 圖形

01 開啟範例原始檔 <單車生活.docx>，將輸入線移至 "單車又稱自由車...." 文字前方，於 **插入** 索引標籤選按 **SmartArt** 開啟對話方塊，選按 **清單 \ 垂直項目符號清單**，按 **確定** 鈕。

02 在選取整個 SmartArt 圖形狀態下，於 **SmartArt 工具 \ 格式** 索引標籤選按 **文繞圖 \ 矩形**。

調整 SmartArt 圖案的階層

插入的 SmartArt 圖形，利用以下方法，調整圖形的階層順序與高度、寬度。

01 將輸入線移至如圖第二個 SmartArt 圖形位置中，於 **SmartArt 工具 \ 設計** 索引標籤選按 **升階**，將原本第二個清單上升一階；依相同方式，將第四個 SmartArt 圖形上升一階。

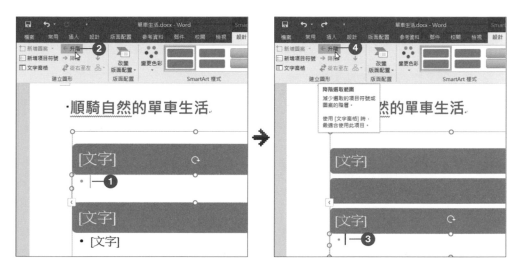

02 在工作範圍框上按一下滑鼠左鍵，於 **SmartArt 工具 \ 格式** 索引標籤設定 **高度：「8.5 公分」、寬度：「8.7 公分」**。

新增 SmartArt 圖案

SmartArt 圖形由文字窗格新增圖案時，會延續前面文字格式產生新圖案；若由 **SmartArt 工具** 新增圖案時，則是以預設文字格式產生新圖案。如果要新增一個相同的圖案時，以下先選取 SmartArt 圖案後，於 **SmartArt 工具 \ 設計** 索引標籤選按 **新增圖案** 清單鈕 \ **新增後方圖案**，即可將原本四個圖案增加五個。

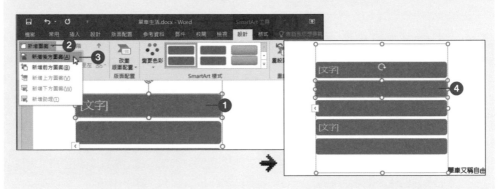

刪除 SmartArt 圖案

刪除圖案時，可選取要刪除的圖案，按 Del 鍵。

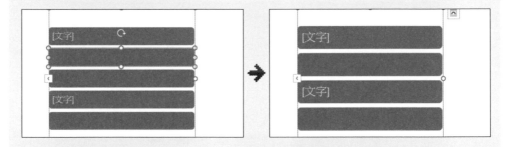

快速新增及刪減圖案

除了使用 **新增圖案** 可以增加圖案外，也可以選取想要複製的物件後，按 Ctrl + C 鍵複製後，再按 Ctrl + V 鍵貼上新增圖案；刪除圖案時則是選取該圖案按 Del 鍵。

利用文字窗格輸入文字

插入與編修 SmartArt 圖形後，接著就可以依照需求，利用文字窗格輸入文字內容。

01 在選取整個 SmartArt 圖形的狀態下，於 **SmartArt 工具 \ 設計** 索引標籤選按 **文字窗格**，左側會開啟文字輸入窗格，第一層輸入「公路車」後按 Shift + Enter 鍵後，再輸入「以追求速度為主，競賽專用車種。」。

02 開啟範例原始檔 <單車生活相關文字.txt>，如下圖輸入或複製相關文字至文字窗格中，完成後按右上角 ⊠ **關閉** 鈕關閉文字窗格。

T I P S

快速打開文字輸入窗格

在選取整個 SmartArt 圖形狀態下，於 SmartArt 圖形範圍圖框左側按鈕按一下，即可打開 SmartArt 圖形文字窗格，選按右上角的 ⊠ **關閉** 鈕即可關閉文字窗格。

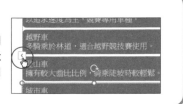

9.4 調整 SmartArt 圖形色彩及樣式

預設的圖形是平面的，可以套用內建設計好的 SmartArt 樣式，加強視覺上的效果。

快速變更 SmartArt 圖形色彩

在選取整個 SmartArt 圖形狀態下，於 **SmartArt 工具 \ 設計** 索引標籤選按 **變更色彩**，清單中選擇合適的色彩配色。(此例套用 **彩色範圍 - 輔色 3 至 4**)

套用 SmartArt 樣式

在選取整個 SmartArt 圖形狀態下，於 **SmartArt 工具 \ 設計** 索引標籤選按 **SmartArt 樣式-其他**，清單中選擇合適的樣式。(此例套用 **立體 \ 光澤**)

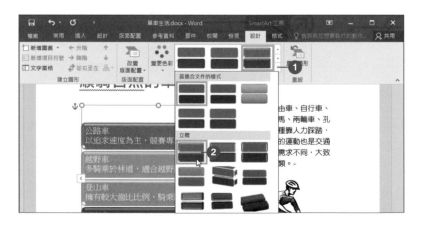

調整 SmartArt 圖形位置與大小

為了配合文件內文與插圖的設計，接下來調整 SmartArt 圖形。

01 在選取整個 SmartArt 圖形狀態下，按滑鼠左鍵不放，往右拖曳如圖的位置擺放。

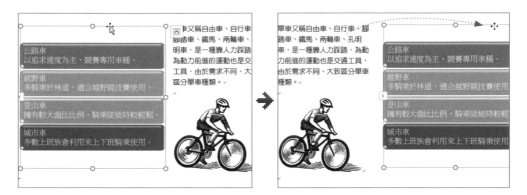

02 在選取整個 SmartArt 圖形狀態下，於 **常用** 索引標籤設定 **字型：微軟正黑體**、**字型大小：12**，即可改變其文字樣式，最後再調整 SmartArt 的外框以符合圖案的大小，且所有文字正常顯示。

9.5 圖表設計原則

圖表往往勝過複雜的文字、數值與公式，一份好的圖表對文件有加分效果，其主要目的在協助您將文件內容以圖像的方式傳遞給閱讀者。

以下有幾點關於圖表的設計原則提供給您。

例 1：利用色彩區別內容

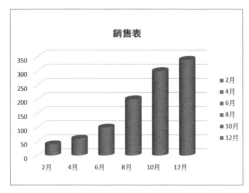

✖ 此為一般預設圖表

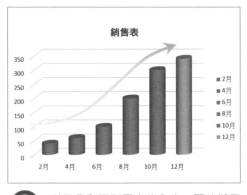

◯ 利用色彩區別圖表的內容，聚焦觀眾目光。

例 2：選擇合適的圖表類型

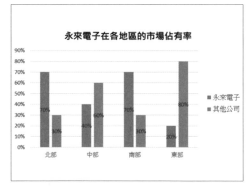

✖ 問題 1：直條圖較不適合表現項目對比關係，無法清楚看出同一地區永來電子與其他公司的佔有率對比。
問題 2：水平與垂直座標軸沒有加上文字標題，閱讀者無法明白所要表達的意思。

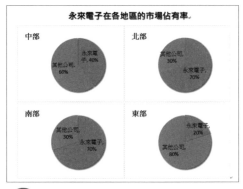

◯ 優點 1：分別用四個圓形圖表示，了解目前各地區佔有率的對比關係。
優點 2：使用四個圓形圖表示，但各數列的代表色彩要統一，才不會造成圖表閱讀上的困擾。

圖表的製作

在 Word 中可以利用 **圖表** 功能活用 Excel 的物件,將文件的製作水準提升到更高層次。

插入圖表

01 將輸入線移至如圖第二段文字的後方,於 **插入** 索引標籤選按 **圖表** 開啟對話方塊,選按 **分欄符號** (或 **直條圖**) \ **群組直條圖**,完成後按 **確定** 鈕。

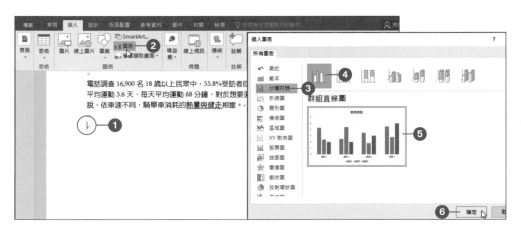

02 在 Excel 工作表 **D** 欄上按一下滑鼠左鍵將此欄選取起來,再按一下滑鼠右鍵,選按 **刪除**,視窗中會看到二筆預設的資料欄。

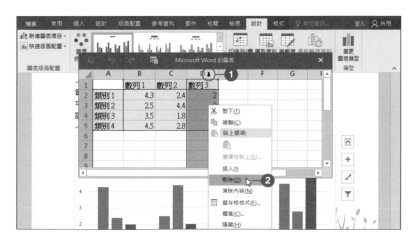

輸入圖表資料

開啟範例原始檔 <單車生活相關文字.txt>，參考其相關文字，將圖表預設資料更改為如圖的資料，並按 ☒ **關閉** 鈕關閉 Excel 軟體回到 Word 中。

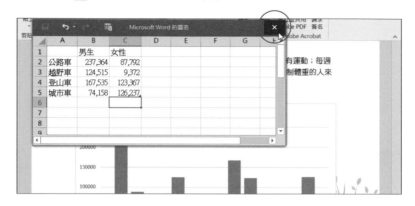

編輯圖表資料

在完成資料的輸入後，才發現資料錯誤，或是順序、排序不對，這時可以利用 **編輯資料** 功能重新輸入，立即修正圖表顯示內容。

在選取整個圖表狀態下，於 **圖表工具\設計** 索引標籤選按 **編輯資料** 開啟 Excel 軟體，修改要更正的資料後關閉軟體，待回到 Word 文件後可看到已修訂好的圖表。

9.7 圖表版面配置與設定樣式

利用 **圖表版面配置** 功能可以輕鬆完成圖表版面配置的工作,快速改變圖表外觀,呈現不一樣的視覺效果。

快速套用版面樣式

01 在選取整個圖表狀態下,於 **圖表工具 \ 設計** 索引標籤選按 **快速版面配置**,清單中選按 **版面配置 4**。

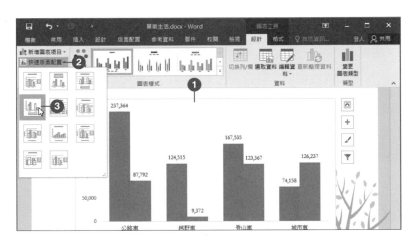

02 在選取整個圖表狀態下,選按右側 ✎ **圖表樣式** 鈕,於 **樣式** 清單中選擇合適的樣式。(此例套用 **樣式 9**)

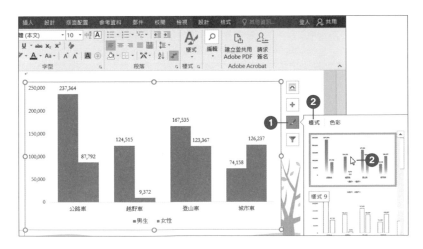

03 接著再於 **色彩** 清單中選擇合適的色彩樣式。(此例套用 **色彩 \ 色彩2** 或 **色彩豐富的調色盤 2**)

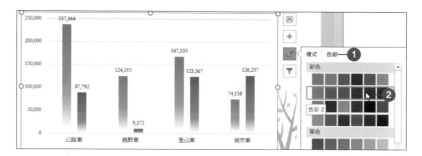

取消圖表背景色

一般在套用 **圖表樣式** 後，大都會產生背景色及外框線，但預設樣式可能與想要的視覺效果不符，所以要取消背景及外框的填色。

01 在選取整個圖表狀態下，於 **圖表工具 \ 格式** 索引標籤選按 **圖案填滿 \ 無填滿**。

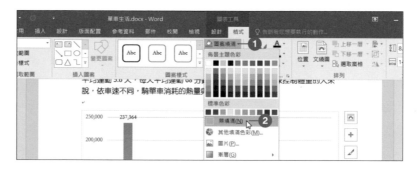

02 在選取整個圖表狀態下，於 **圖表工具 \ 格式** 索引標籤選按 **圖案外框 \ 無外框**。

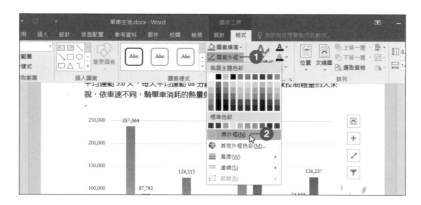

資料數列格式

圖表中的每個資料數列都有唯一的色彩或圖樣，並以圖表或圖例表示，可以利用 **資料數列格式** 改變其外觀，以下就利用 **直條圖** 說明。

01 於圖表的數列上按一下滑鼠右鍵，選按 **資料數列格式** 開啟右側工作窗格。

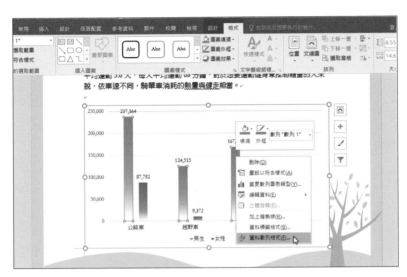

02 於 **數列選項** 項目設定 **數列重疊：0%**，最後再於工作窗格右上角按 ☒ **關閉** 鈕，即可關閉工作窗格。

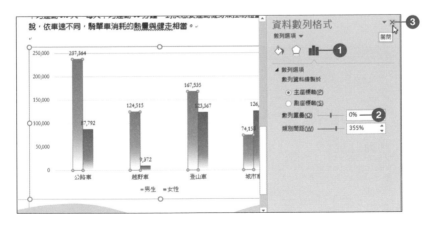

9.8 圖表文字的格式設定

完成圖表的外觀設計後，可自行搭配喜愛的字型，可突顯主題也能有較佳的閱讀效果。

01 在選取整個圖表狀態下，於 **常用** 索引標籤設定 **字型：微軟正黑體、粗體、字型色彩：藍灰色, 輔色 3**。

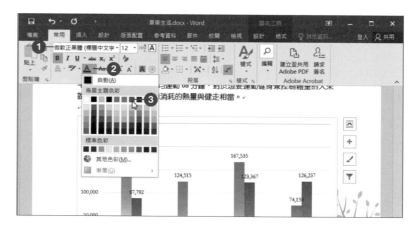

02 選取圖表 "男生" 數值，於 **常用** 索引標籤設定 **字型色彩：橙色, 輔色 5**，接著選取圖表 "女生" 數值，於 **常用** 索引標籤設定 **字型色彩：橙色, 輔色 5**，儲存檔案即可完成本章範例。

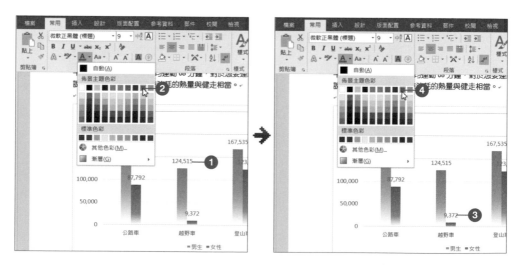

延伸練習

實作題

依如下提示完成 "清酒" 作品。

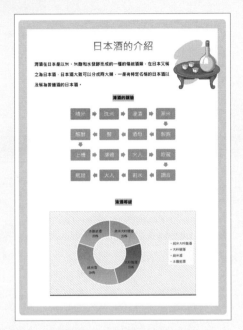

1. 開啟延伸練習原始檔 <清酒.docx>，將輸入線移至 "清酒的釀造" 文字下方，於 **插入** 索引標籤選按 **SmartArt**，插入 **流程圖 \ 基本彎曲流程圖**。

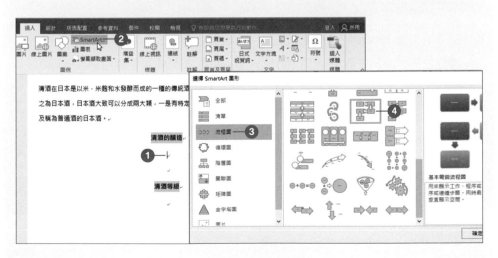

2. 在選取整個 SmartArt 圖形狀態下，於 **SmartArt 工具 \ 設計** 索引標籤選按 **文字窗格**，在左側會開啟文字輸入窗格。

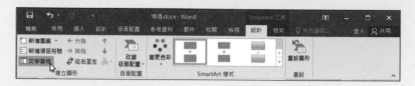

3. 開啟延伸練習原始檔 <清酒相關文字.txt>，複製或輸入其相關文字至文字窗格中，完成後按右上角 ⊠ **關閉** 鈕關閉文字窗格。

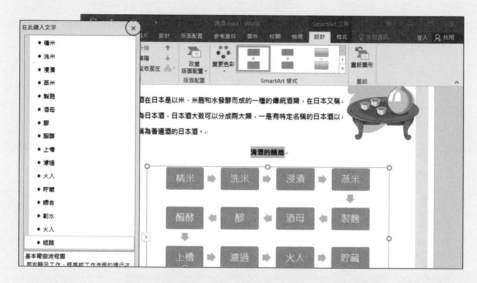

4. 在選取整個 SmartArt 圖形狀態下，於 **SmartArt 工具 \ 設計** 索引標籤選按 **變更色彩**，清單中選按 **彩色 \ 彩色範圍 - 輔色 3 至 4** 變更其色彩。

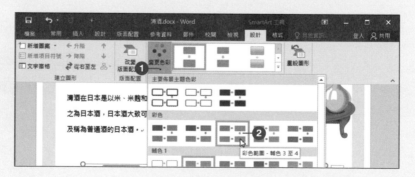

5. 於 **SmartArt 工具 \ 格式** 索引標籤設定 **高度：「7.2 公分」、寬度：「12.2 公分」**。

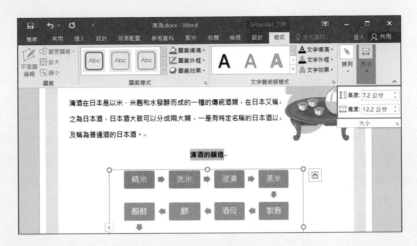

6. 將輸入線移至 "清酒等級" 文字下方，於 **插入** 索引標籤選按 **圖表**，插入 **圓形 \ 環圈圖**。

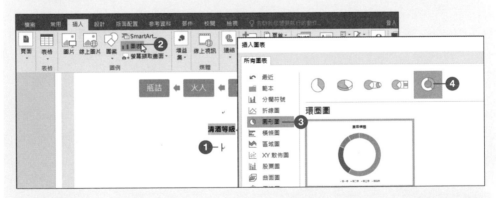

7. 再次開啟延伸練習原始檔 <清酒相關文字.txt>，複製圖表相關文字內容，一一貼入 Excel 的儲存格中，再關閉 Excel 軟體回到 Word 中。

8. 在選取整個圖表狀態下，於 **圖表工具 \ 格式** 索引標籤設定 **高度**：「8.1 公分」、**寬度**：「14.2 公分」。

9. 在選取整個圖表狀態下，選按 ✏ **圖表樣式** 鈕，於 **樣式** 清單中選按 **樣式 6**，即可套用該樣式。

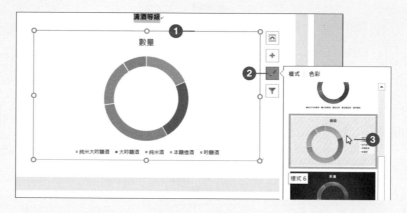

10. 在選取整個圖表狀態下，於 **圖表工具 \ 設計** 索引標籤選按 **快速版面配置**，清單中選按 **版面配置 1**。

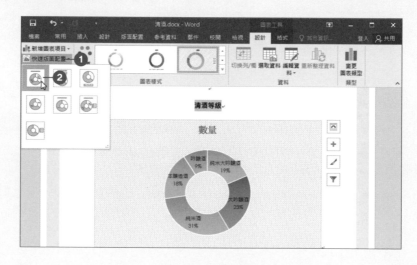

11. 在選取整個圖表狀態下，選按 ⊞ **圖表項目** 鈕，於 **圖表項目** 清單中取消核選 **圖表標題**。

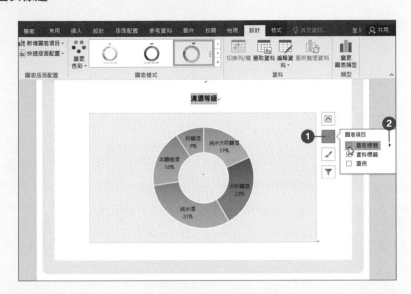

12. 選按 ⊞ **圖表項目** 鈕，核選 **圖例** 右側 ▶ 圖示 \ **右**，最後儲存檔案完成此範例。

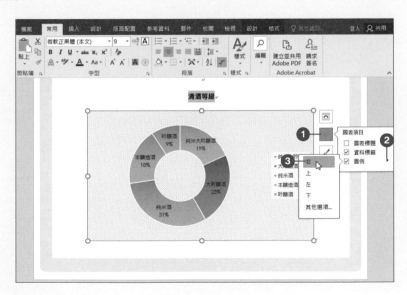

NOTE

10

商品攝影
版面設定與列印

版面配置・佈景主題
分頁・分節・分欄
列印面板
其他列印選項

"商品攝影" 主要學習統一文件版面，並適當設定其章節分隔符號以方便瀏覽，最後於所有內文都確認無誤後，將檔案送到印表機輸出，即完成此作品。

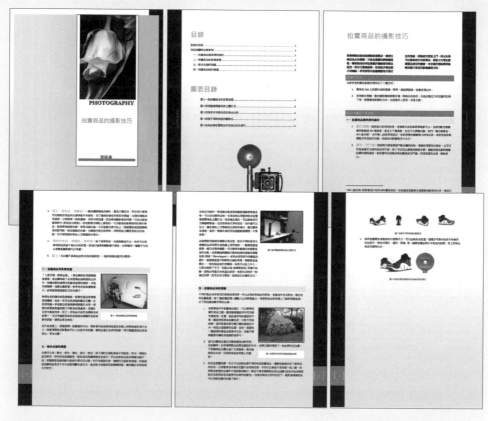

+ 調整邊界
+ 選擇紙張大小
+ 版面配置
+ 每行字數、每頁行數
+ 套用佈景主題

+ 中文避頭尾字元與符號
+ 分頁符號
+ 手動加入分頁符號
+ 分行與分頁設定
+ 分節符號

+ 欄與分欄版面
+ 認識列印面板
+ 列印雙頁與多頁
+ 其他列印選項

原始檔：<本書範例 \ ch10 \ 原始檔 \ 商品攝影.docx>
完成檔：<本書範例 \ ch10 \ 完成檔 \ 商品攝影.docx>

版面設定

製作正式文件時，為求版面的一致性，主辦單位常會要求繳交的文件需符合一定規範，例如：列印紙張、四周的空白邊界、裝訂邊、每行字數...等，以下便告訴您這些版面要求該怎麼設定。

以 A4 縱向的紙張為例，先認識版面環境，而其中 **邊界** 為紙張邊緣到內文區之間的距離。

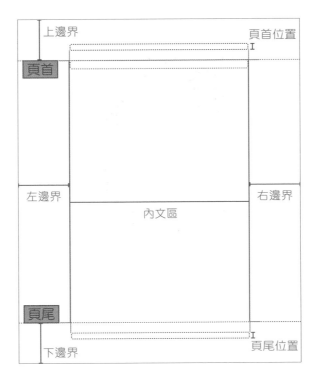

TIPS

顯示 \ 取消文字範圍

每份文件在製作時都有預設的內文區，但 Word 預設狀態下，並不會自動利用色彩或文字標示內文區的範圍，如果能夠在文件中標示內文區，編輯的狀態會更為流暢。

於 **檔案** 索引標籤選按 **選項** 開啟對話方塊，在 **進階 \ 顯示文件內容** 項目中核選 **顯示文字範圍**，最後按 **確定** 鈕即可發現螢幕上已出現一個內文區的虛線範圍框供參考；反之取消核選 **顯示文字範圍** 即可取消框線。

調整邊界

開啟範例原始檔 <商品攝影.docx>，因為印表機在列印時有實體上限制，所以大多無法直接列印到紙張邊緣，為了確保閱讀者擁有最佳導覽模式，請於 **版面配置** 索引標籤選按 **版面設定** 對話方塊啟動器開啟對話方塊，選按 **邊界** 標籤，適當調整邊界。

裝訂邊、裝訂邊位置 預防裝訂文件時，影響到內文的文字。

設定內文區域 **上、下、左、右** 四周與紙張間的距離。

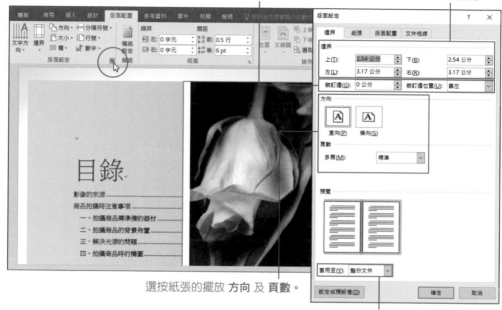

選按紙張的擺放 **方向** 及 **頁數**。

套用至：**整份文件** 或 **插入點之後**。

TIPS

邊界超出可列印範圍

如果設定的範圍超出印表機可以接受的邊界範圍時 (例如設定四周邊界為 0 時)，會出現如右的提示訊息，當按 **修正** 鈕時軟體將自動調整其邊界為可列印的邊界範圍；若按 **略過** 鈕時軟體將關閉此訊息，只是在正式列印時，有些邊緣文字可能會被切掉或截斷。

選擇紙張大小

一般家用式印表機可以接受的格式為 A3、
A4、B4、B5...等，所以必須在製作文件或列
印前於 **紙張** 標籤，選擇合適的 **紙張大小**，以
免造成不必要的紙張浪費。

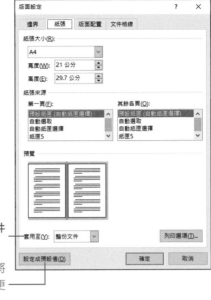

設定 **套用至：整份文件**
或 **插入點之後**。

按 **設定成預設值** 鈕可以將
目前的版面設定，同時變更
至 Word 預設的樣版上。

版面配置

於 **版面配置** 標籤中設定文件頁面的對齊方式
以及頁首、頁尾的表現方式。

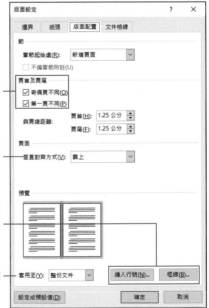

選擇 **頁首及頁尾** 是否為 **奇偶
頁不同** 或者 **第一頁不同**。

如果內容不滿一頁時，可以在
垂直對齊方式 選擇整體文字
的對齊方式。

按 **編入行號** 與 **框線** 鈕，加
入編號設定的起始值與版面邊
框的設定。

設定 **套用至：整份文件** 或 **插
入點之後**。

調整每行字數、每頁行數、內文字型樣式

這是申辦官方文件時常見的一種規定，可在此設定此文件的文字撰寫方向是由左而右的水平排列或是由上而下的垂直排列，以及每行字數、字距、每頁行數與行距。

在 **欄** 中設定文件分欄的方式

透過 **格線** 狀態的核選，設定 **字元數** 與 **行數**。

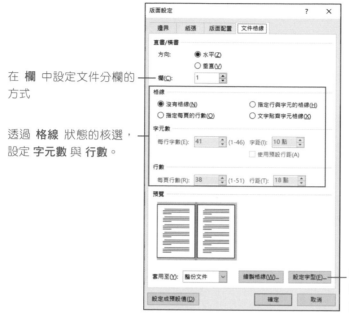

按 **設定字型** 鈕開啟 **字型** 對話方塊統一設定此文件的字型。

設定頁碼的顯示方式

1. **奇偶頁不同**：核選此項目可分別設計奇數頁與偶數頁的頁首及頁尾。

2. **第一頁不同**：如果希望文件的第一頁不顯示頁碼編號，例如：標題頁或封面，就可核選此項目。

3. 多頁的文件若能在四周邊界處加上頁碼，除了方便裝訂外，也能再透過目錄頁的輔助加速使用者找尋資料，於 **插入** 索引標籤選按 **頁碼**，即可在清單中選擇欲加入頁碼的位置與喜歡樣式。

頁碼格式：加上其他特殊規格的頁碼。

移除頁碼：可移除文件中的頁碼。

套用佈景主題

設計的 **佈景主題** 功能,可一次調整文件中的色彩、字型 (包括標題及本文字型) 和效果配置 (包括線條與填滿效果),快速建立風格一致、外觀專業的文件。

欲套用此項佈景主題功能的文件,其內容必須套用到 **字型色彩** 與 **樣式** 功能,或有加入圖表、SmartArt 圖形、圖案,才能在設定產生出相互輝映的效果。

01 於 **設計** 索引標籤選按 **佈景主題**,並將滑鼠指標移至清單中的縮圖上方,即可於編輯區中瀏覽套用後的變化,確定喜好的樣式進行套用。(此例套用 **有機**)

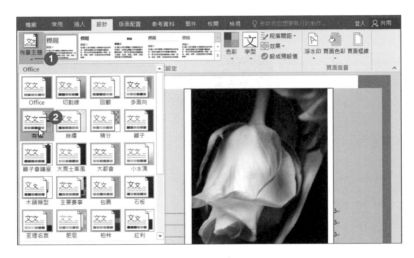

02 於 **設計** 索引標籤選按 **文件格式設定-其他**,即可更進一步套用喜好的樣式。(此例套用 **陰影**)

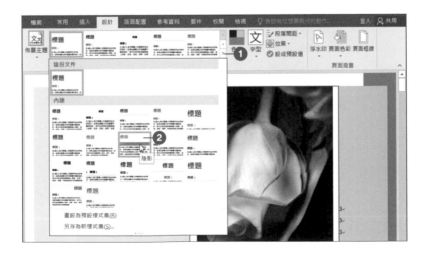

設定中文避頭尾字元與符號

在文件的編排上，除了要求整體的美觀外，也需注意避免單字成行或文句頭尾出現一些特殊符號等細節，這樣才能稱的上是專業級的編排！

01 於 **常用** 索引標籤選按 **段落** 對話方塊啟動器開啟對話方塊，選按 **中文印刷樣式** 標籤，於 **分行符號** 核選 **使用中文規則控制第一和最後字元** 後，按 **選項** 鈕開啟對話方塊。

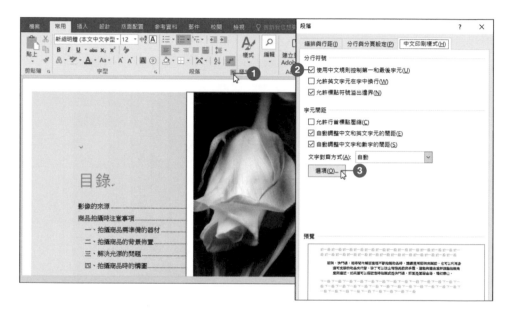

02 在 **印刷樣式** 項目中核選 **自訂**，軟體即會把常見的符號設定為避頭尾字，當然如果有個人特殊的字元也可以自行在此加入，最後按二次 **確定** 鈕完成。

10.2 分隔設定

Word 提供了三個基本的分隔符號：分頁、分節、分欄，善加運用可讓文章井然有序、容易閱讀。

分頁符號

Word 文件在預設情況下，會自動將文件內容依設定的版面邊界分成一頁一頁，讓閱讀更為方便。只是每份文件需要分頁的位置不同，依邊界分頁的方式也非盡如人意，為因應不同的需求，可以透過 **分頁符號** 於指定位置將資料分成多頁。

01 於 **檢視** 索引標籤選按 **整頁模式**，將文件移至第一頁下方處，可以看到文件目前的分頁狀況。

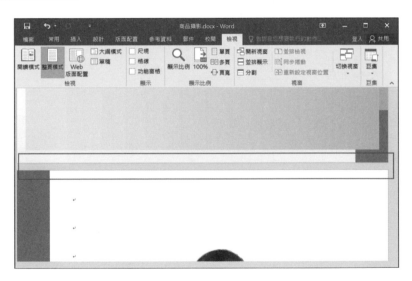

02 會發現文件以一頁頁的方式將文件內容區隔開，文件列印時也會依目前瀏覽的分頁方式列印。

手動加入分頁符號

每份文件需要分頁的位置不同，依邊界分頁的方式也非盡如人意，為因應不同的需求，該如何於指定位置將資料分成多頁呢？

01 將輸入線移至第一頁欲分頁的文字前方，於 **版面配置** 索引標籤選按 **分隔符號 \ 分頁符號**，再移至第二頁做重複的動作。(也可按 Ctrl + Enter 鍵分頁)

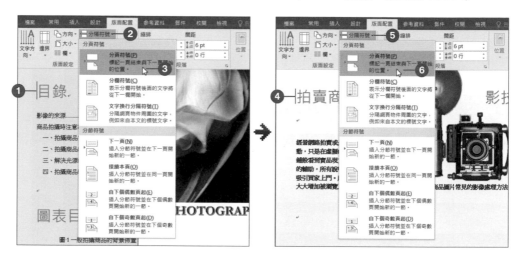

02 經過分頁動作的設定後，如果於文章中沒看到分頁符號的標記，可以於 **常用** 索引標籤選按 **顯示 / 隱藏編輯標記**。

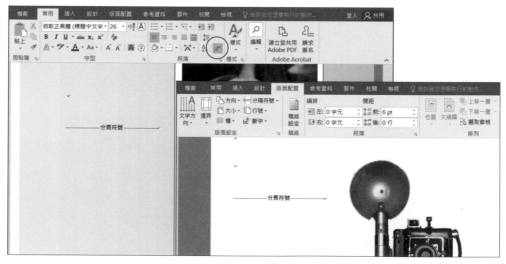

▲ 第一頁　　　　　　　　　　▲ 第二頁

TIPS

恢復已經強制分頁的文件

將滑鼠指標移至要刪除的分頁符號左側，呈 ↗ 狀，按一下滑鼠左鍵將分頁符號選取起來，接著按 Del 鍵即可刪除分頁符號。

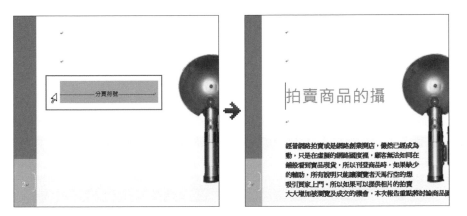

如果覺得在 **整頁模式** 下無法選取要刪除的分頁符號，於 **檢視** 索引標籤選按 **大綱模式** 將文件切換至 **大綱模式** 下再選取，接著按 Del 鍵完成刪除的動作後，再於 **大綱** 索引標籤選按 **關閉大綱檢視** 即可回到原來的編輯畫面。

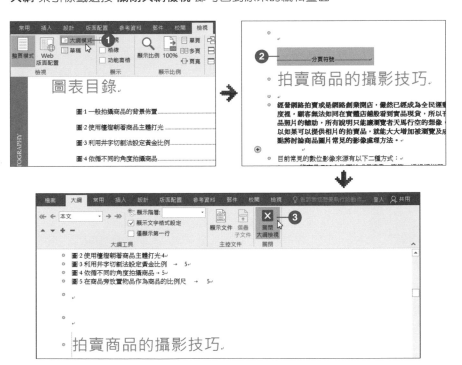

分行與分頁設定

處理長文件時，常會發生某一段文句分隔在上、下頁的情形，除了以手動加入分頁符號調整外，Word 亦內建了四項自動判別的功能：

段落遺留字串控制：可避免段落中單獨的一行文字被留在整頁的上方或下方。

與下段同頁：可避免選取的段落與下一段落之間有分頁符號。

段落中不分頁：可避免段落中有分頁符號，會將卡在二頁間的段落全部移至下頁。

段落前分頁：在選取的段落之前插入分頁符號。

01 將輸入線移至要設定判別的段落上，於 **常用** 索引標籤選按 **段落** 對話方塊啟動器開啟對話方塊。

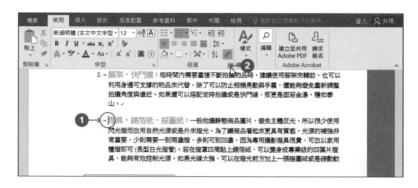

02 在 **分行與分頁設定** 標籤中核選合適的項目，再按 **確定** 鈕會發現原來分在第三、四頁的段落文字，整合統一出現在第四頁。

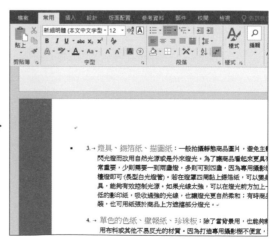

分節符號

在開啟新舊文件時，不管頁數的多寡，Word 預設整份文件就是一節。利用自動或手動方式，可以將文件分成多 "節"，區隔出文件的內容結構，而每一 "節" 在版面配置或格式設定上都可以各自獨立。

01 於視窗左下角狀態列上按一下滑鼠右鍵，選按 **節** 會顯示目前節的狀態，可於文件中任一處按一下滑鼠左鍵，會在狀態列發現目前整份文件均是 **節：1**。

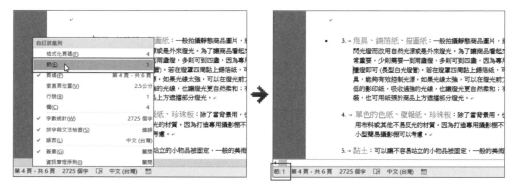

02 將輸入線移至第五頁如圖欲分節的文字前方，於 **版面配置** 索引標籤選按 **分隔符號 \ 接續本頁**，依相同方式，再於此段文字末端手動加入一個分節符號。

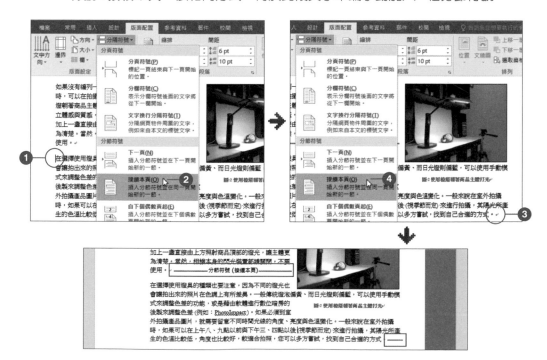

03 將輸入線移至第五頁分節符號下方的段落文章，於 **版面配置** 索引標籤選按 **版面設定** 對話方塊啟動器開啟對話方塊，設定 **邊界** 的 **右** 為「9.5 公分」，**套用至** 為 **此一節**，再按 **確定** 鈕。

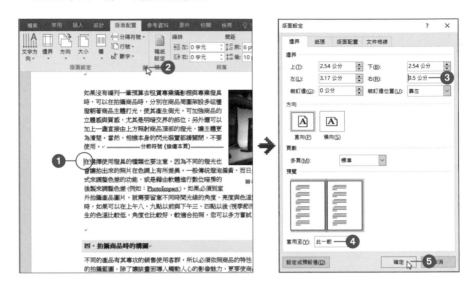

04 如此即為版面加入不同的設計，如左下圖在分節符號後的段落文章中按一下滑鼠左鍵，可於狀態列看到目前是 **節：2**。同理，如右下圖在分節符號前的段落文章中按一下滑鼠左鍵，可於狀態列看到目前是 **節：1**。

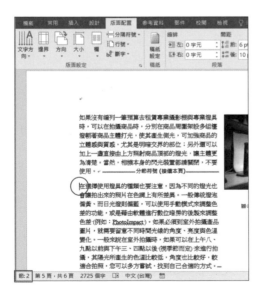
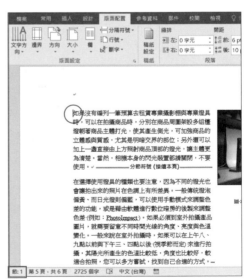

欄與分欄版面設定

"欄" 是 "節" 之下的屬性,它依據內文寬度計算分割內容,讓文件可以呈現多欄式的排法,欄內的段落也會依欄邊界而自動換行。在多欄式版面設計中,會在欲執行分欄的文件範圍前後插入分節符號加以區隔後,再執行分 "欄" 動作。

01 選取第三頁 "拍賣商品的攝影技巧" 下方文字後,於 **版面配置** 索引標籤選按 **欄**,清單中選按合適的樣式套用。(此例設定 **二**)

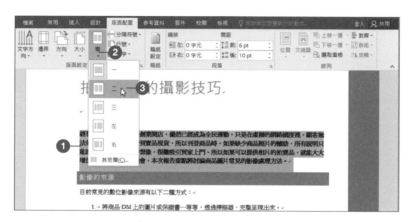

02 選取的文字範圍馬上完成指定的分欄排列設計!並且於該文字範圍的上、下方可以看到 Word 已自動加上分節符號的標記。

經過分欄動作的設定後,如果於文章中沒看到分節符號的標記,可以於 **常用** 索引標籤選按 **顯示 / 隱藏編輯標記**。段落文章中按一下滑鼠左鍵,可於狀態列看到目前是 **節:2**。

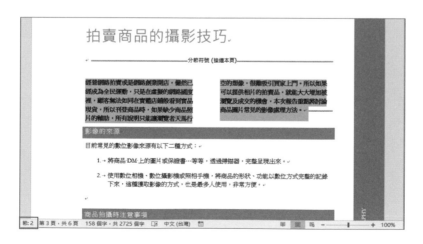

列印

製作完成的文件不僅可以儲存於電腦中，更重要的是印製出來成為正式報告，以下將介紹一些設定列印的方法。

認識列印面板

於 **檔案** 索引標籤選按 **列印**，此時視窗右側會根據目前印表機的規格進行虛擬編排列印文件。

選擇目前電腦可使用的印表機　　　設定列印份數

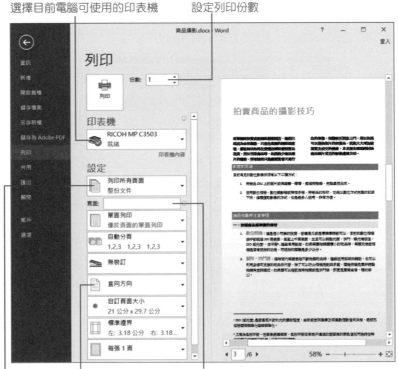

指定列印範圍　　設定列印方向　　　於 **頁面** 項目可指定欲列印的頁碼。例如欲列印第 1、3、5 頁時，請輸入「1,3,5」頁 (頁數中間以「,」隔開)；欲列印第 2 頁以後的文件時，則請輸入 「2-」以此類推後。

列印單面雙頁與一張多頁的效果

這個功能有點類似分欄，可以在同一張紙張裡列印出中間可對摺的文件，只要於列印前輕鬆設定一下即可。

在不改變版面前題下，將整體比例縮小，在同一張紙中列印出 2 頁以上文件。於 **檔案** 索引標籤選按 **列印 \ 每張 1 頁**，清單中設定一張紙希望列印出幾頁。(此例套用 **每張 2 頁**)

其他列印選項

若想做更多列印設定時，可在 **Word 選項** 對話方塊中，設定其他列印項目。

01 於 **檔案** 索引標籤選按 **選項** 開啟對話方塊。

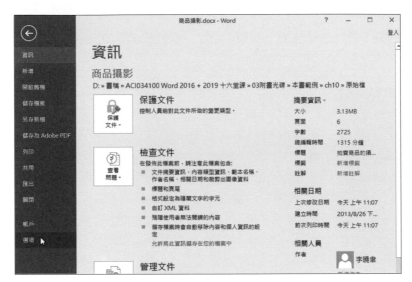

02 分別在 **顯示** 與 **進階** 項目中依需求進行其相關設定。

為了能讓某些文件在螢幕上看起來更賞心悅目，通常會加些背景圖案，但在實際列印時不會輸出，但若需要輸出時，核選此選項。

核選此項可加快列印的速度、減少耗材、適用校稿資料。

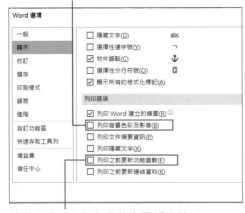

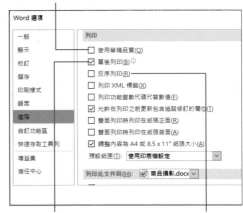

核選此項，在列印之前先更新文件中各功能變數之運算值。

以背景列印方式執行作業，同時進行其他工作，不過列印速度會慢些。

從最後一頁開始由後往前列印

實作題

依如下提示完成 "閱讀心得" 作品。

1. 開啟延伸練習原始檔 <閱讀心得.docx>，於 **設計** 索引標籤選按 **佈景主題 \ 回顧** 將內文套用佈景主題樣式，接著選按 **文件格式設定-其他 \ 陰影** 的 文件格式設定。

2. 於第二頁中如圖選取文件中希望分欄的文字後，於 **版面配置** 索引標籤選按 **欄**，清單中選按合適的樣式套用。

3. 將輸入線移至第二頁如圖 "THE..." 欲分頁的文字前方，接著於 **插入** 索引標籤選按 **分頁符號**。(也可按 Ctrl + Enter 鍵分頁)

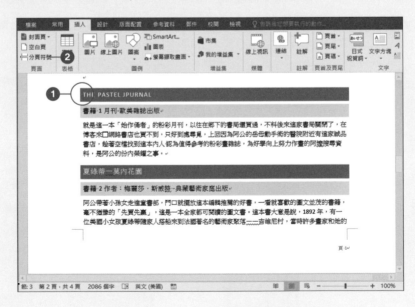

4. 接下來要變更版面邊界與調整整頁行數，於 **版面配置** 索引標籤選按 **版面設定** 對話方塊啟動器開啟對話方塊，於 **邊界** 標籤中分別將 **上、下、左、右** 設定為「**3 公分**」，並切換至 **文件格線** 標籤中核選 **指定每頁的行數**、設定 **行距：「 19 點」** 後，按 **確定** 鈕。

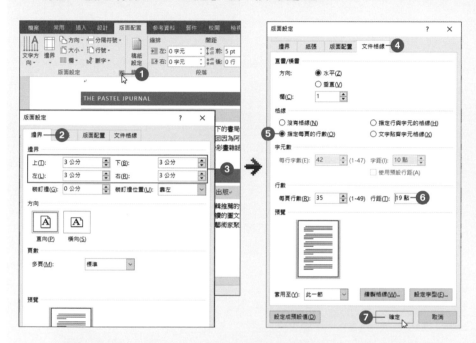

5. 於 **檔案** 索引標籤選按 **列印**，視窗右側會根據目前印表機的規格進行虛擬編排列印文件，確認無誤後選按 **列印** 鈕完成此作品。

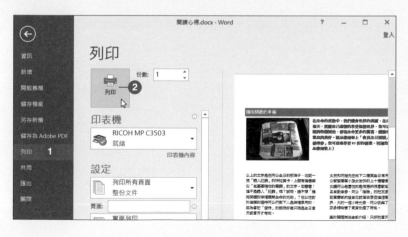

NOTE

11

攝影課程表信件
合併列印與標籤套印

學習重點

如果要將同一份文件寄發給許多人時，像帳單、成績單、邀請函…等只能逐次修改收件者姓名與相關資料後再列印嗎？這時不妨試試合併列印功能來完成這個繁雜且重複的動作。

張心怡 小姐
40758
彰化市中山路 2 段 187 號

蔡政霖 先生
42047
苗栗縣苗栗市府前路 46 號 2 樓

余芝如 小姐
73003
南投市復興路二號四樓

郭威倫 先生
36002
雲林縣斗六市府文路 35 號 3 樓

黃靜怡 小姐
54062
臺南市北區富北街 7 號 1~5 樓

張旻傑 先生
64054
嘉義市中山路 199 號 4~5 樓 1

郭湘婷 小姐
70402
嘉義縣太保市祥和二路東段 5 號 4 樓

黃琬婷 小姐
60041
臺南縣新營市中正路 15 號

金莉婷 小姐
61249
高雄縣鳳山市會公路 55 之 1 號

郭展霖 先生
63003
屏東市北興街 55 號

攝影新手班基礎課程表

親愛的 張心怡小姐

一張照片都是一段動人的故事！想要用照片說出屬於自己的故事嗎？
快來上課吧！從零開始的基礎教學，透過紮實的理論和技巧，讓您面對任何拍攝主題都能迎刃而解，實實在在的學好攝影！

課程內容：

第一堂：認識相機、購買適合的攝影器材
第二堂：數位相機的操作與各項常用的功能設定
第三堂：鏡頭介紹與景深運用
第四堂：光圈、快門、ISO、詳解 EV 組合
第五堂：相機操作實習
第六堂：取景構圖與採光技巧
第七堂：風景、晨昏攝影教學
第八堂：第一次風景外拍
第九堂：人像攝影教學
第十堂：第二次人像外拍

上課日期：每周四下午 3:00～5:00。
招生對象：攝影新手或剛開始使用 DSLR 的朋友
課程講師：大熊老師
上課地點：明德大樓三樓 301 教室
上課費用：10 堂課，包含一次實機操作、
二次外拍，交通及模特兒費用另計。

11560
台北市南港區三重路 66 號 7 樓之 6
快樂攝影教室寄

40758
彰化市中山路 2 段 187 號

張心怡 小姐 收

- ➕ 設定信件合併列印
- ➕ 設定信封合併列印
- ➕ 預覽合併結果
- ➕ 設定寄件人地址資訊
- ➕ 設定寄件人地址資訊
- ➕ 完成與合併
- ➕ 單一信封列印
- ➕ 插入收件者合併欄位
- ➕ 信封合併列印
- ➕ 設定標籤合併列印

原始檔：<本書範例 \ ch11 \ 原始檔 \ 課程表.docx>
完成檔：<本書範例 \ ch11 \ 完成檔 \ 課程表-合併列印結果.docx>

11.1 關於合併列印

合併列印是利用文件與資料來源結合後所產生的結果,它能夠在相同文件中插入不同的資料內容,產生出不同對象的成品。

舉例來說,一份要大量郵寄的通知單,文件內容相同,可是要給予的人員姓名不同,若要一一製作十分耗時。如果已經事先整理好人員名單,只要在完成文件後,指定名單中姓名欄位插入在文件要顯示姓名的地方,即可快速產生不同的文件,這就是合併列印。

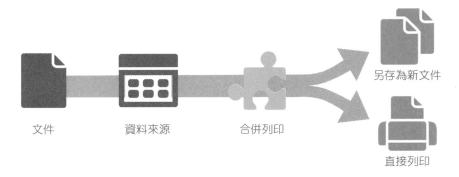

文件　　　　資料來源　　　　合併列印

另存為新文件

直接列印

合併列印中使用的資料來源可以為 Word、Excel、Access、TXT,甚至是 Outlook 通訊錄中的人員...等資料,合併列印的結果可以選擇另存為新文件,也可以直接列印,十分方便。本章將利用同一份通訊錄文件產生不同的合併列印結果。

練習此章範例前,請先將 <ch11> 資料夾存放電腦本機 C 槽根目錄,這樣此章資料內容才能正確連結並開啟。

11.2 設定信件合併列印

透過已經建置好內容的課程表，利用合併列印功能，插入所有學員的
姓名，將每個姓名快速產生在各封信件當中。

01 請開啟範例原始檔 <課程表.docx>，將輸入線移至要插入姓名的位置，然後於
郵件 索引標籤選按 **啟動合併列印 \ 逐步合併列印精靈**。

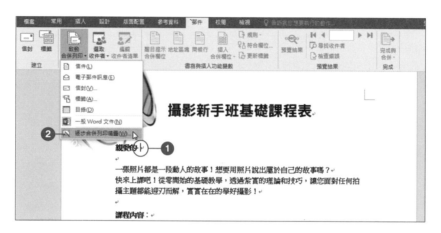

02 此時會開啟 **合併列印** 工作窗格，依照精靈指示步驟開始逐項設定。首先核選
選取文件類型：信件 後按 **下一步：開始文件**，再核選 **選取開始文件：使用目
前文件** 後按 **下一步：選擇收件者**。

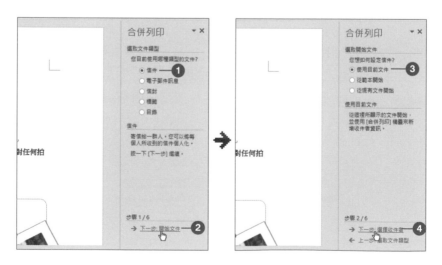

03 接著設定收件者的資料來源，核選 **選取收件者：使用現有清單** 後按 **瀏覽** 開啟
對話方塊，選取範例原始檔 <通訊錄.xlsx>，按 **開啟** 鈕。(所有學員的資料已經
建置在範例資料夾的 <通訊錄.xlsx> 中，這裡將要把檔案中的資料匯入到目前
文件來使用。)

04 於 **選取表格** 對話方塊確認資料來源後按 **確定** 鈕，開啟 **合併列印收件者** 對話
方塊，可以在清單中核選或取消名單，按 **確定** 鈕回到工作窗格，會發現在 **使
用現有清單** 中已經顯示匯入的文件，接著再按 **下一步：寫信**。

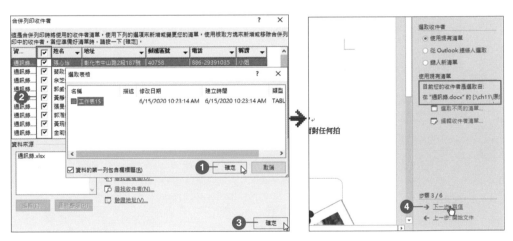

T I P S

使用 Word 檔案資料做為合併列印資料來源

在 Word 2016，當合併列印使用 Word 檔案做為合併列印資料來源時，在 **合併列
印收件者** 對話方塊若無法顯示資料內容，可以將資料內容轉為 Excel 檔案，或是
至官網以下連結下載 Word 2016 更新：

64 位元版本：https://pse.is/T9W8U　　　32 位元版本：https://pse.is/N7UVS

05 接著選按 **其他項目** 開啟 **插入合併功能變數** 對話方塊，將匯入的通訊錄資料欄位插入到信件中顯示。

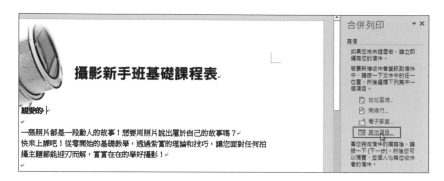

06 分別選取 **姓名**、**稱謂** 後按 **插入** 鈕將欄位插入到文件中，完成後按 **關閉** 鈕再按 **下一步：預覽信件**。

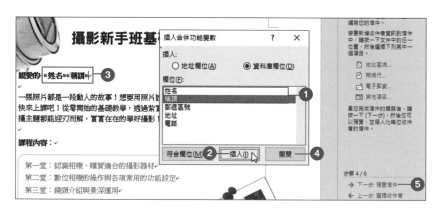

07 頁面上即會顯示第一筆資料的結果，可以利用 **收件者** 左右二側按鈕切換顯示下一筆或上一筆資料，最後按 **下一步：完成合併**。

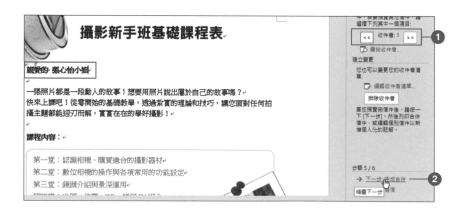

08 完成合併的文件可以使用二種方式來展現結果，第一種為直接列印。選按 **列印** 開啟對話方塊，核選 **列印記錄：全部** 後按 **確定** 鈕，進入 **列印** 對話方塊後再按 **確定** 鈕即可。

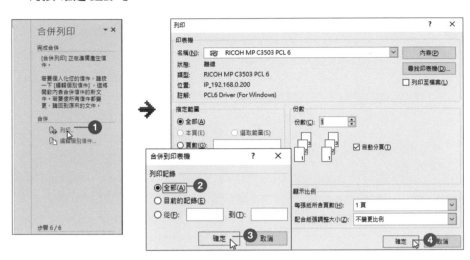

09 第二種展現方式則是將合併的結果放置到新文件中。選按 **編輯個別信件** 開啟對話方塊，核選 **合併記錄：全部** 後按 **確定** 鈕，這個方式較為方便，也可以利用完成的結果再編輯。

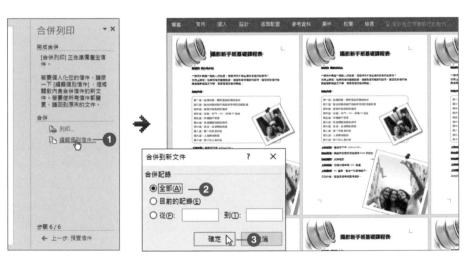

10 最後請儲存原來的合併列印文件為 <課程表-合併列印.docx>，並將合併後的新文件儲存為 <課程表-合併列印結果.docx>。

11.3 設定信封單一列印

完成信件製作後，接下來列印郵寄信封。若只是單純列印一個信封，在 Word 中提供不少可以直接套印的版式，並貼心的填上所需資訊。

設定寄件人地址資訊

01 新增一空白文件，接著於 **檔案** 索引標籤選按 **選項** 開啟 **Word 選項** 對話方塊。

02 在 **進階 \ 一般 \ 地址** 欄位中輸入寄件者的地址資料後按 **確定** 鈕完成設定。

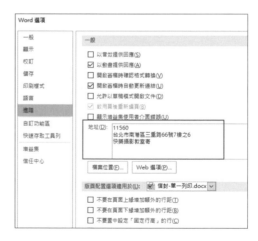

如此一來在製作單一信封或是套印大量信封時，這個寄件者地址資訊即會成為預設填入的項目。

執行單一信封的列印

如果只要郵寄一封信件時，可以使用下述方式簡易完成。

01 於 **郵件** 索引標籤選按 **信封** 開啟 **信封及標籤** 對話方塊，**寄件者地址** 裡已經填入預設的資料，請填入 **收件者地址** 的資料後，按 **選項** 鈕開啟對話方塊。

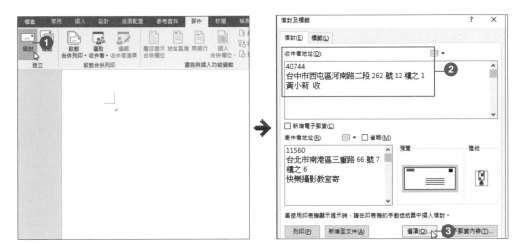

02 為了讓信封上收件者的地址資訊能夠更為突出，選按 **收件者地址** 的 **字型** 鈕設定 **字型樣式** 及 **大小** 後按 **確定** 鈕完成字型設定。

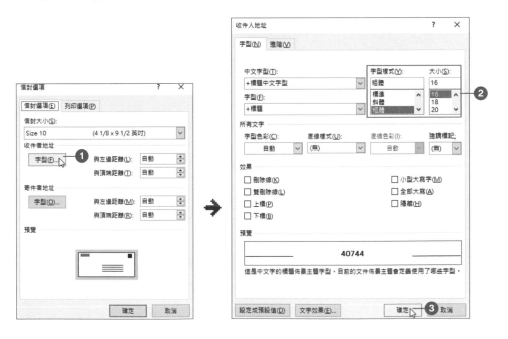

03 完成字型的設定後，按 **確定** 鈕結束 **信封選項** 設定回到 **信封及標籤** 對話方塊，按 **新增至文件** 鈕，即可將設定的結果新增到文件中。

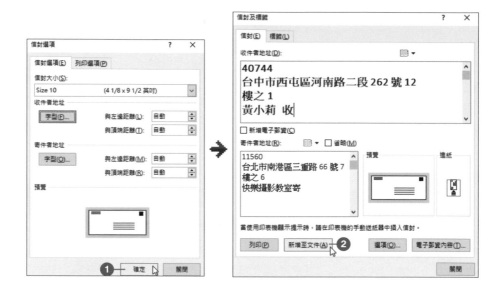

最後儲存列印文件為 <信封-單一列印.docx>。

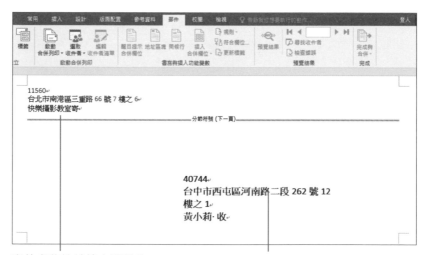

寄件者的地址填上預設的 地址資料。　　　　　　　收件者的地址以指定的文字格式顯示。

11.4 設定信封合併列印

若是信件的對象很多，可以將收件人資訊整理到一個表格中，再利用合併列印的功能，分別列印出不同收件人地址的郵寄信封。

設定信封文件格式

01 新增一個空白的文件，然後於 **郵件** 索引標籤選按 **啟動合併列印 \ 逐步合併列印精靈**。

02 此時會開啟 **合併列印** 工作窗格，首先核選 **選取文件類型：信封** 之後按 **下一步：開始文件**，核選 **選取開始文件：變更文件版面配置**，再按 **變更文件版面配置：信封選項**。

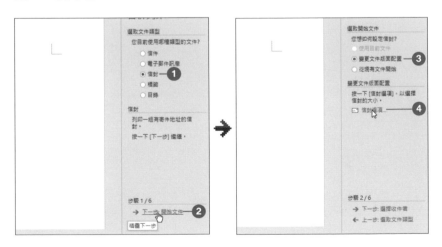

03 接著設定信封格式，這裡使用預設的 **信封選項** 與 **列印選項**，完成項目的調整後按 **確定** 鈕。

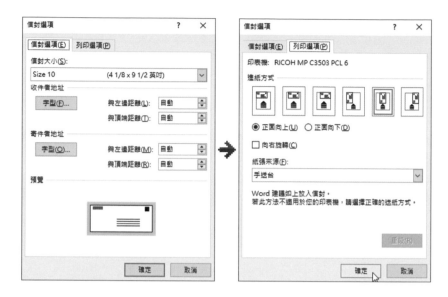

此時的頁面會根據設定的內容修改版面大小，並填入預設的寄件者地址 (可參考 P11-8 設定)，中間的文字方塊則是後續收件者資料顯示的位置。

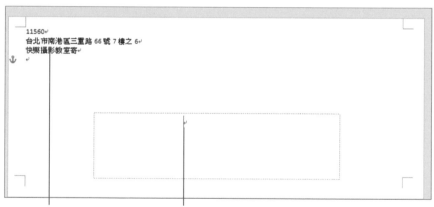

寄件者的地址會填上預設的地址資料。

在收件者的文字方塊中按一下滑鼠左鍵，出現輸入線。

插入收件者的合併欄位

信封格式設定好之後,接著要將收件者資料合併到信封內。

01 先設定收件者的資料來源,首先核選 **選取開始文件:使用目前文件**,按 **下一步:選擇收件者**,再來核選 **選取收件者:使用現有清單**,按 **使用現有清單:瀏覽**。

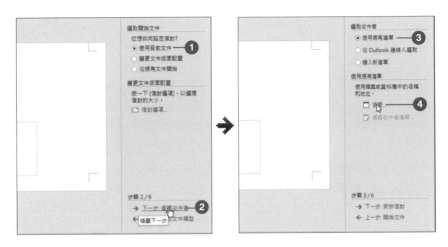

02 所有郵寄資料已建置在範例原始檔 <通訊錄.xlsx> 中,選取該檔案後按 **開啟** 鈕,於 **選取表格** 對話方塊確認資料來源後按 **確定** 鈕,開啟 **合併列印收件者** 對話方塊。在匯入資料清單中核選或取消名單後按 **確定** 鈕回到工作窗格。

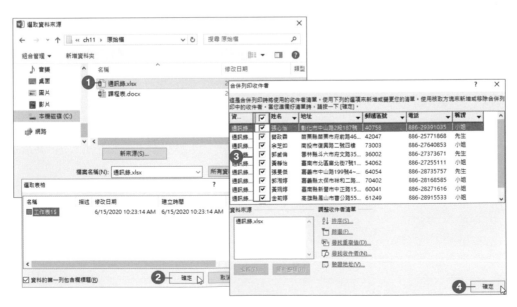

03 接著按 **下一步：安排信封**，再按 **安排信封：其他項目** 開啟 **插入合併功能變數** 對話方塊，進行將匯入的通訊錄資料欄位，插入到信封上的動作。

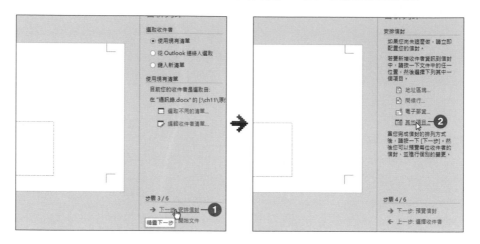

04 分別選取 **郵遞區號、地址、姓名、稱謂** 後按 **插入** 鈕將欄位插入到文件中，完成後請按 **關閉** 鈕。

05 參考下圖內容，利用 Enter 鍵為欄位進行分行，然後加大 **姓名** 欄位的文字與更換字型，並透過 Space 鍵輸入空白字元與輸入一個「收」字，按 **下一步：預覽信封**。

06 頁面上即會顯示第一筆資料的合併結果，利用 **收件者** 左右二側的按鈕切換顯示下一筆或上一筆資料，再按 **下一步：完成合併**。

07 完成合併的文件可以使用二種方式來展現結果，第一種是直接列印出來。選按 **列印** 開啟對話方塊，核選 **列印記錄：全部** 後按 **確定** 鈕，進入 **列印** 對話方塊後再按 **確定** 鈕即可。

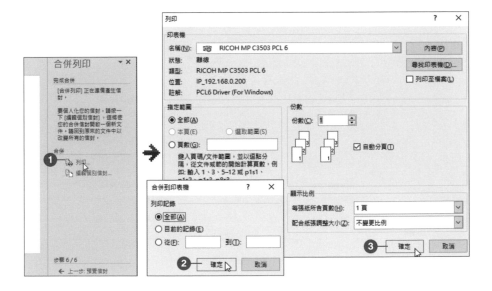

08 第二種展現方式則是將合併的結果放置到新文件中。選按 **編輯個別信封** 開啟對話方塊，核選 **合併記錄：全部** 後按 **確定** 鈕，這個方式較為方便，也可以利用完成的結果再進行編輯。

此時會將合併的結果放置到新的文件中。

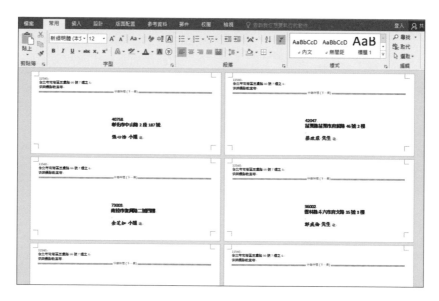

09 最後請儲存原來合併列印的文件為 <信封-合併列印.docx>，並將合併後的新文件儲存為 <信封-合併列印結果.docx>。

11.5 設定標籤合併列印

除了可以直接使用標準信封列印地址外，另外市售的標籤貼紙也是一種不錯的選擇。接下來應用同一個通訊錄來源，完成標籤合併列印的動作，這裡不再使用合併列印精靈，而是直接指定合併列印的類型。

設定標籤的版面

目前市售的標籤以 A4 紙尺寸為準，以下將在 Word 中設定標籤的版面。

 新增一個空白文件，然後於 **郵件** 索引標籤選按 **啟動合併列印 \ 標籤** 開啟 **標籤選項** 對話方塊。

02 選擇不同 **標籤樣式** (或 **標籤廠商**) 時，下方會顯示不同的 **標籤編號**，選按時右方會顯示標籤資訊，完成後按 **確定** 鈕，版面即會依照格式加上表格。

如果沒有看到格線，可以於 **表格工具 \ 版面配置** 索引標籤選按 **檢視格線**。

標籤選項

印表機資訊
○ 連續進紙印表機(C)
● 頁式印表機(A)　紙匣(T): 預設紙匣 (自動紙匣選擇)

標籤資訊
標籤樣式(V): Avery A4/A5
在 Office.com 上尋找更新
標籤編號(U):
3653
3655
3663
3666
4820
4821

標籤資訊
類型:　地址標籤
高度:　4.24 公分
寬度:　10.5 公分
頁面大小: 21 公分 × 29.69 公分

詳細資料(D)...　新增標籤(N)...　刪除(D)　　確定　取消

TIPS

關於標籤樣式

Word 提供許多市面上販售的標籤格式版面，大部分都可以在 **標籤樣式** (或 **標籤廠商**) 選項中找到。但如果沒有，除了可以找尋相近的版式外，也可以選按 **在 Office.com 上尋找更新** 進行更新動作，說不定有您需要的尺寸。

插入收件者的合併欄位

01 於 **郵件** 索引標籤選按 **選取收件者 \ 使用現有清單**，在對話方塊中選取範例原始檔 <通訊錄.xlsx> ，按 **開啟** 鈕，可以將該檔案中的資料匯入到目前的文件內使用。

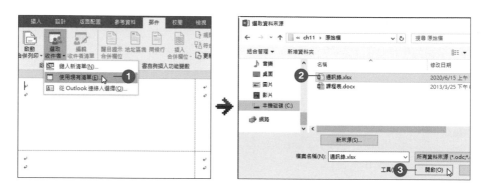

此時會發現文件上除了第一格的標籤外，其他的儲存格都自動加入 <<Next Record>> 的變數名稱。

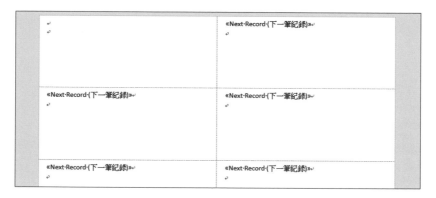

02 將輸入線移到第一個儲存格，於 **郵件** 索引標籤選按 **插入合併欄位 \ 姓名** 將匯入的通訊錄資料欄位，插入到標籤上進行顯示。

03 再依序插入 **稱謂**、**郵遞區號** 及 **地址** 欄位，在分行後加大 **姓名** 欄位的字體大小。

04 於 **郵件** 索引標籤選按 **更新標籤**，即可將剛才所指定的欄位名稱套用到所有的儲存格中。

預覽合併結果及完成合併

01 於 **郵件** 索引標籤選按 **預覽結果**，即可在文件內看到資料套入標籤後的結果。

02 於 **郵件** 索引標籤選按 **完成與合併 \ 編輯個別文件**，則是將資料合併成新文件以供編輯。

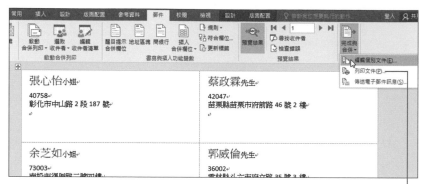

於 **郵件** 索引標籤選按 **完成與合併 \ 列印文件**，可將資料直接由印表機列出。

03 在 **合併到新文件** 對話方塊核選 **合併記錄：全部**，最後按 **確定** 鈕將合併後的結果放置到一個新文件檔案中。

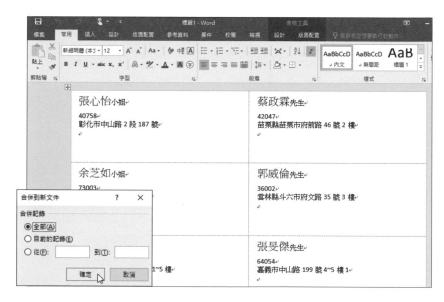

04 最後請儲存原來的合併列印文件為 <標籤-合併列印.docx>，並將合併後的新文件儲存為 <標籤-合併列印結果.docx>。

資 訊 補 給 站

篩選合併列印來源清單

進行合併列印時，可將資料預先篩選，讓合併結果能夠按照所設定的篩選條件呈現。以下透過範例原始檔 <課程表.docx>，練習篩選出只有男性的收件者。

01 依 P11-4 說明，**合併列印** 工作窗格中完成前面二個步驟後，在 **選取收件者** 步驟中請核選 **使用現有清單** 後按 **瀏覽**，加入已建置好的 <通訊錄.xlsx> 後按 **開啟** 鈕、**確定** 鈕，在 **合併列印收件者** 對話方塊中按 **篩選** 鈕開啟對話方塊。

02 接著設定篩選條件，於 **資料篩選** (或 **篩選記錄**) 標籤設定 **欄位：稱謂、邏輯比對：等於、比對值：「先生」**，接著按 **確定** 鈕。可以看到收件者資料已經自動篩選為只有男性的收件者，最後按 **確定** 鈕完成收件者資料的篩選設定。

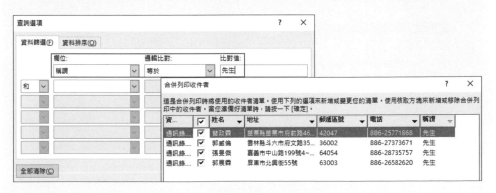

實作題

依如下提示完成「錄取名單」作品。

1. 開啟延伸練習原始檔 <錄取名單.docx>，於 **郵件** 索引標籤選按 **啟動合併列印 \ 逐步合併列印精靈**。

2. 在開啟的 **合併列印** 工作窗格中，指定 **選取文件類型：目錄**，再依照精靈指示步驟進行文件類型與開始文件的設定。

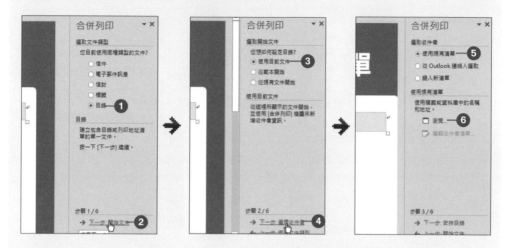

3. 這個資料中，要把錄取的學生依照學校名稱排序並篩選通過的名單後，合併至新的文件。選擇資料來源延伸練習原始檔 <學校錄取狀況統計表.xlsx> 開啟 **合併列印收件者** 對話方塊。

4. 於 **學校名稱** 欄位右側按一下清單鈕，於下拉式清單中選按 **遞增排序**，再於 **錄取** 欄位右側按一下清單鈕，下拉式清單中選按 **通過**，最後按 **確定** 鈕。

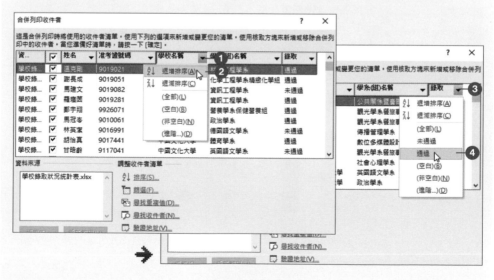

5. **合併列印** 工作窗格中按 **下一步：安排目錄，其他項目**。再於第一個儲存格，開啟 **插入合併功能變數** 對話方塊插入 <<姓名>>、第二個儲存格插入 <<學校名稱>>、第三個儲存格插入 <<學系組名稱>>。

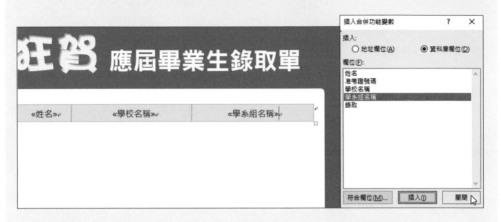

6. **合併列印** 工作窗格中按 **下一步：預覽目錄**，可在文件內預覽資料的套用後結果。

7. 接著按 **下一步：完成合併**，再選按 **成為新文件** 將資料合併成新文件。

8. 在 **合併到新文件** 對話方塊核選 **合併記錄：全部**，按 **確定** 鈕將合併後的結果放置到一個新文件檔案中。

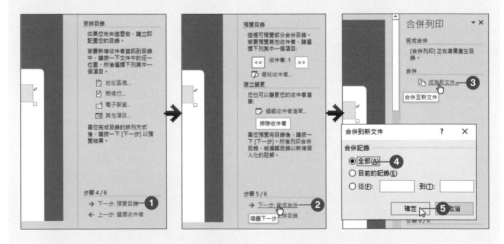

9. 最後請儲存原來合併的列印文件為 <錄取名單-主文件.docx>，再將合併的新文件儲存為 <錄取名單-合併結果.docx>。

12

行動商務書面報告 I
樣式設計

樣式類型‧內建樣式

樣式集‧佈景主題色彩

段落間距‧樣式預覽

樣式檢查

在學校求學或職場工作時，許多人常會因為需要製作如：報告或論文...等長文件而感到痛苦，內容龐雜的狀況下，如果希望達到有效率的排版編輯，並且顧及美觀，就必須透過 Word 提供的樣式功能，讓作品呈現更顯專業！

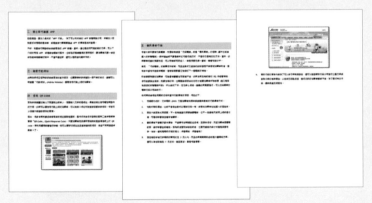

➕ 認識樣式類型　　　　➕ 文件格式設定　　　　➕ 匯出樣式
➕ 套用內建預設樣式　　➕ 修改樣式
➕ 樣式的新增與刪除　　➕ 樣式預覽與檢視

原始檔：<本書範例 \ ch12 \ 原始檔 \ 行動商務書面報告 I.docx>
完成檔：<本書範例 \ ch12 \ 完成檔 \ 行動商務書面報告 I.docx>

認識樣式類型

Word 中所謂的「樣式」，其實是將一些字元與段落的格式設定，整合成為一個樣式名稱。透過樣式的套用，不但可以避免重複設定格式的困擾，更能快速統一文件樣式並自動更新。

常用 索引標籤可以透過樣式區提供的各種項目設定樣式。

樣式涵蓋的範圍，大致分為五大類：

● **字元**：包含各種字元的格式設定。

● **段落**：包含各種段落的格式設定。

● **連結的 (段落與字元)**：同時包含字元與段落二種格式設定。

● **表格**：包含表格的框線、網底...等各種格式設定。

● **清單**：包含項目符號及編號的段落格式。

當建立新樣式或應用時，即可依據上述分類，清楚管理樣式。

樣式類型的代表符號

於 **常用** 索引標籤選按 **樣式** 對話方塊啟動器，開啟 **樣式** 工作窗格 (或按 Alt + Ctrl + Shift + S 鍵)，藉由樣式名稱右側圖示，即可區別樣式類型。

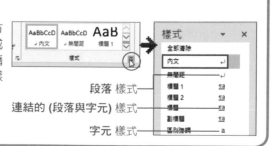

段落 樣式
連結的 (段落與字元) 樣式
字元 樣式

套用內建預設樣式

Word 貼心地內建許多預設樣式，一方面可以快速套用在文件上，達到格式化效果；另一方面使用者也可以預先透過內建的標準樣式，率先感受樣式魅力。

開啟範例原始檔 <行動商務書面報告 I.docx>，以下將利用 Word 內建樣式，先為這份原始文件迅速統一文字外觀。

01 將輸入線移到第一行文字任意處，於 **常用** 索引標籤選按 **樣式-其他**，樣式庫中選按 **標題**，透過內建樣式的套用，加強文件標題的呈現。

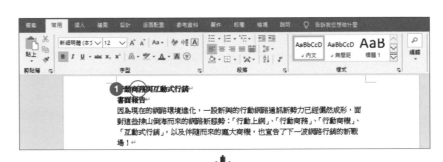

02 接著將輸入線移至第二行文字的任意處，套用 **副標題** 樣式。

03 依照步驟 1 操作方式,將輸入線移到第二頁第一個粗體字段落中套用 **標題 1** 樣式,接著於下方找到相同的粗體字段落,套用相同樣式。

04 粗體字前方有 "一．"、" 二．"...等國字標號段落套用 **標題 2** 樣式,接著於下方找到其他有國字標號的粗體字段落,套用相同樣式。

05 其他的段落保持在原來 **內文** 樣式。因為文件內有些段落使用到數字編號條列所要呈現的內容,所以接下來要利用 **編號** 功能設定。請先將「一．交易新模式」下方二段有編號的段落全部選取。

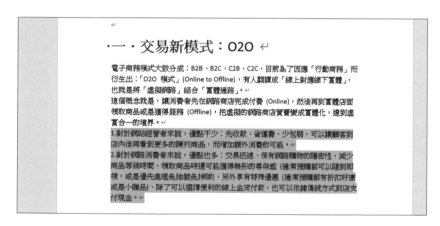

06 於 **常用** 索引標籤選按 **編號** 旁清單鈕，選按 **數字對齊方式：靠左** 自動加上編號，接著依相同方式於其他段落一樣套用編號設計。

於 **常用** 索引標籤選按 **樣式-其他**，樣式庫中會發現剛才的設定動作已歸納為 **清單段落** 的內建樣式。

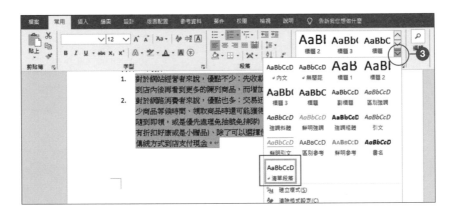

TIPS

移除已套用樣式

將輸入線移到想移除樣式的段落中，於 **常用** 索引標籤選按 **樣式-其他**，清單中選按 **清除格式設定**，即可清除已套用的樣式，讓段落文字回復初始狀態，並達到重新設定。

資 訊 補 給 站

其他內建樣式的套用

Word 內建的預設樣式，除了可以透過樣式庫套用，還有一些其它的隱藏版樣式可以選用！

01 於 **常用** 索引標籤選按 **樣式-其他**，清單中選按 **套用樣式** 開啟視窗，於 **樣式名稱** 欄位選按清單鈕，清單中即會顯示其他未出現的預設樣式。

02 選按要套用的樣式名稱後，按 **重新套用** 鈕，文件中輸入線所在樣式會重新調整；若按 **修改** 鈕，即可開啟 **修改樣式** 對話方塊修改樣式。

窗格預設為浮動狀態，若在 **樣式** 標題列上連按二下滑鼠左鍵，即可將窗格固定。

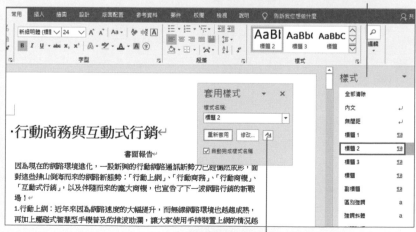

按 **樣式** 鈕可以開啟 **樣式** 工作窗格，此窗格預設會完整顯示內建樣式。

12.3 樣式的新增與刪除

除了預設的內建樣式可以套用外,也可以透過自行定義的方式,擴充樣式的多元化及設定需求,或是刪除樣式。

新增樣式

在文件第三頁 "二‧在地化服務:LBS" 文字下方,針對 "在地化服務" 說明另外自訂 **紅色**、**粗體**、*斜體* 及 <u>底線</u> 樣式,藉此突顯此部分的重點。

01 選取 "所謂的...資訊服務" 文字,於 **常用** 索引標籤選按 **樣式-其他**,清單中選按 **建立樣式** 開啟對話方塊。

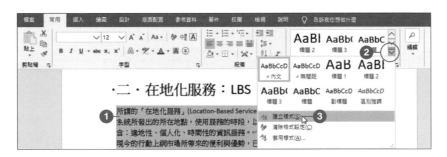

02 輸入自訂 **名稱** 後,按 **修改** 鈕開啟對話方塊,分別設定 **樣式類型:字元、粗體、斜體、底線** 及 **字型色彩:紅色**,然後按 **確定** 鈕。

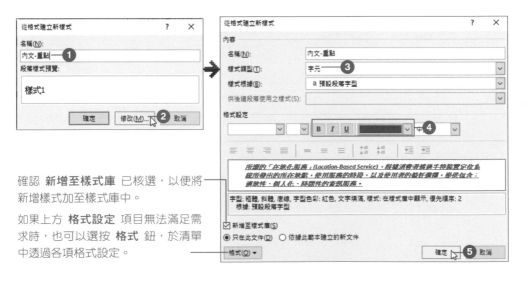

確認 **新增至樣式庫** 已核選,以便將新增樣式加至樣式庫中。

如果上方 **格式設定** 項目無法滿足需求時,也可以選按 **格式** 鈕,於清單中透過各項格式設定。

回到編輯畫面中會發現，選取的文字已套用上設定樣式，而於 **常用** 索引標籤選按 **樣式-其他**，清單中會發現先前建置的新樣式。

TIPS

由樣式工作窗格新增樣式

於 **常用** 索引標籤選按 **樣式** 對話方塊啟動器，開啟 **樣式** 工作窗格 (或按 Alt + Ctrl + Shift + S 鍵)，按 新增樣式 鈕也可開啟對話方塊新增樣式。

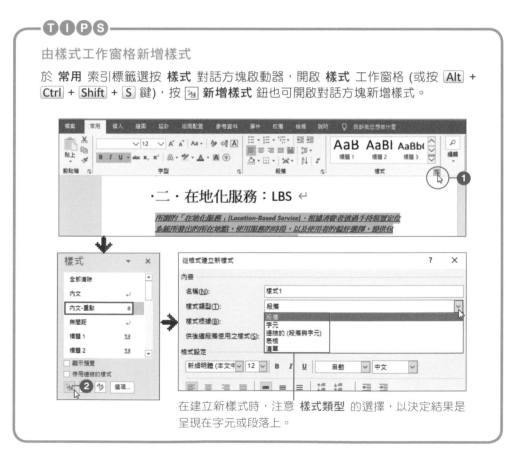

在建立新樣式時，注意 **樣式類型** 的選擇，以決定結果是呈現在字元或段落上。

刪除樣式

如果對於新增的樣式不是很滿意，想要刪除時，可以透過以下方式進行：

01 將輸入線移到要刪除樣式的段落中，於 **常用** 索引標籤選按 **樣式** 對話方塊啟動器，開啟 **樣式** 工作窗格。選按 **內文-重點** 清單鈕 \ **刪除內文-重點**，按 **是** 鈕即可刪除樣式。

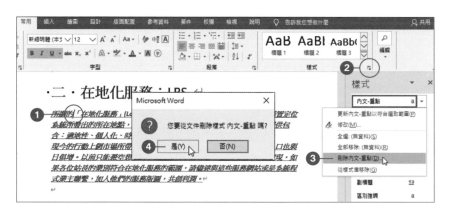

02 此刻會發現原先套用 **內文-重點** 樣式的文字範圍，已恢復為初始的 **內文** 樣式，而 **樣式** 工作窗格中相關樣式也遭到刪除。

TIPS

內建樣式無法刪除

在刪除樣式時，會發現除了新增的樣式及某些特定樣式外，有些內建樣式是無法移除的！

資 訊 補 給 站

從樣式庫移除

如果覺得樣式庫中的樣式太多，想要整理一下，將一些沒有使用的樣式移除時，請參考以下操作：

01 於 **樣式** 工作窗格選按想要移除樣式清單鈕 \ **從樣式庫移除**，回到樣式庫中會發現該樣式已經不存在。

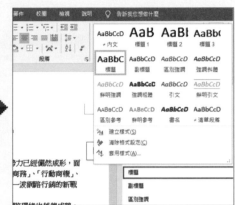

02 倘若在移除該樣式後，突然反悔想要恢復於樣式庫中時，只要於 **樣式** 工作窗格選按該樣式清單鈕 \ **新增至樣式庫**，即會再次出現在樣式庫內，讓您方便套用。

在執行 **從樣式庫移除** 功能後，回到工作窗格中會發現，該樣式還是存在於此份文件中。

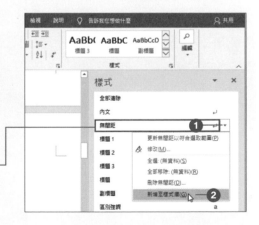

除了透過 **樣式** 工作窗格移除樣式，也可以於 **常用** 索引標籤選按 **樣式-其他**，在樣式庫中想要移除的樣式上按一下滑鼠右鍵，一樣可以選按 **從樣式庫移除** 達到相同目的。

12.4 文件格式設定

為文件的段落套用基本樣式之後，可以使用內建的 **佈景主題色彩**、**佈景主題字型**、**段落間距** 快速改變整份文件的風格，使其看起來專業美觀。

套用樣式集

於 **設計** 索引標籤選按 **文件格式設定-其他 \ 陰影** 樣式集套用，讓編輯區中的段落格式與配色隨之變化，以便快速變更文件的外觀。

於 **常用** 索引標籤選按 **樣式-其他**，可以看到樣式庫中顯示的樣式已全數更換為 **陰影** 樣式集的配置。

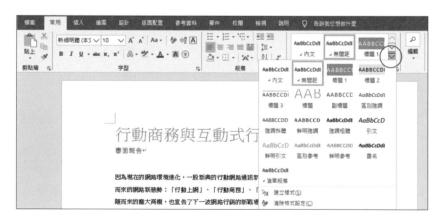

變更佈景主題色彩

Word 提供多款不同顏色的配置方法，於 **設計** 索引標籤選按 **色彩 \ 暖調藍色** 色彩作為基礎配色，完成色彩的變更。

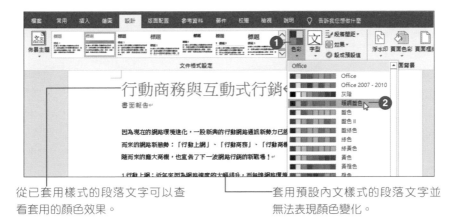

從已套用樣式的段落文字可以查看套用的顏色效果。

套用預設內文樣式的段落文字並無法表現顏色變化。

如果不喜歡套用的佈景主題色彩，可以於 **設計** 索引標籤選按 **色彩 \ Office**，將色彩配置回復到套用前的狀態。

變更佈景主題字型

透過多款不同字型的搭配與使用，可呈現不同的視覺效果。於 **設計** 索引標籤選按 **字型 \ Garamond-TrebuchetMs** 作為基礎字型，完成字型變更。

如果不喜歡套用的佈景主題字型，可以於 **設計** 索引標籤選按 **字型 \ Office**，將字型回復到套用前的狀態。

變更段落間距

Word 提供不同的段落間距項目，於 **設計** 索引標籤選按 **段落間距 \ 緊密** 作為基礎段落設定，完成段落間距的調整。

重設文件的快速樣式

如果想要將已套用樣式集的文件回復為初始狀態時，於 **設計** 索引標籤選按 **文件格式設定-其他 \ 重設為預設樣式集** 即可。

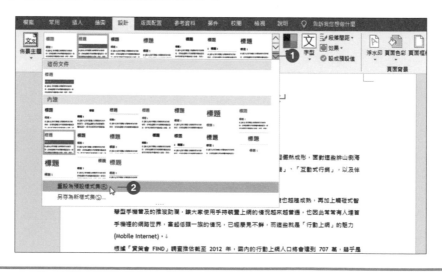

12.5 修改樣式

如果對內建的樣式不是很滿意時可以修改，當內建樣式經過修改後，文章中所有套用該樣式的段落都會一起變更。

01 以下修改 **標題** 樣式。將輸入線移至 "行動商務與互動式行銷" 段落文字中，於 **常用** 索引標籤選按 **樣式-其他**，樣式庫 **標題** 上按一下滑鼠右鍵，選按 **修改** 開啟對話方塊。

02 修改文字為 **粗體、字型色彩：深紅**，按 **確定** 鈕，即完成 **標題** 樣式修改。

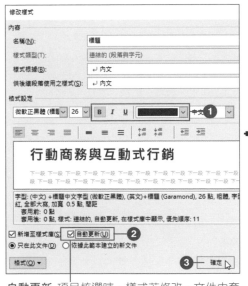

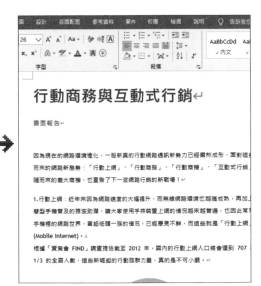

自動更新 項目核選時，樣式若修改，文件中套用相關樣式的段落或文字即會全數更新。

12.6 樣式預覽與檢視

當文件套用許多內建樣式或產生自訂樣式時，可以透過 **樣式** 工作窗格所提供的功能，有效管理文件樣式。

樣式預覽

按 `Alt` + `Ctrl` + `Shift` + `S` 鍵開啟 **樣式** 工作窗格，窗格預設僅顯示樣式名稱，但如果想要將樣式實際呈現的效果反映在樣式名稱上，可以核選 **顯示預覽**，即可達到所視即所得的結果。

顯示文件中已套用樣式

在 **樣式** 工作窗格中，預設顯示建議使用的樣式，只是當中僅有某些樣式會套用於文件中，為了方便檢視文件中到底套用了哪些樣式，可以選按 **選項** 開啟對話方塊，設定 **選取要顯示的樣式：使用中**，按 **確定** 鈕，即顯示文件中已套用的樣式。

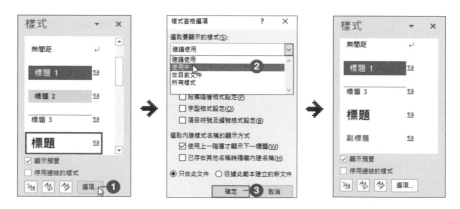

樣式檢查

文件在經由樣式的規範後，已有較一致的外觀，只是當中可能還是會針對已套用樣式的文字或段落補強，而這些額外的變更，無法從 **樣式** 工作窗格中同步看到。

為了檢視樣式設定內容，可以透過 **樣式檢查** 功能，查看樣式調整的部分。

01 於第一頁選取 "行動上網" 文字，此處針對已套用樣式的文字，於 **常用** 索引標籤設定 **粗體** 及 **字型色彩：紅色**，然後於 **樣式** 工作窗格中選按 🔳 **樣式檢查** 鈕開啟按 🔳 **樣式檢查** 工作窗格。

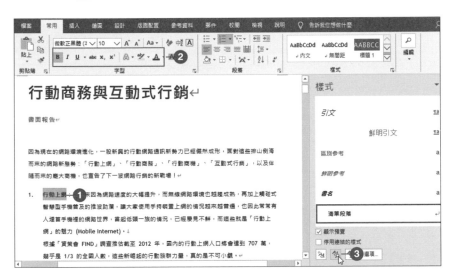

02 會發現在 **段落格式設定** 中，出現該段套用的 **清單段落** 樣式名稱，而 **文字階層格式設定** 中則是顯示加上的字元格式。

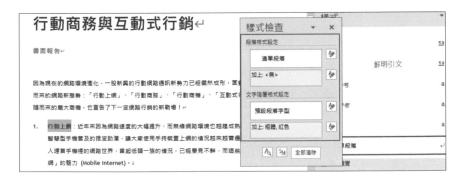

樣式追蹤

設定樣式時，Word 提供格式追蹤的功能，記錄任何一項在文件中的樣式設定，讓樣式可以套用在其他文字或段落上。

以下利用前面調整的樣式設定 (粗體紅字) 追蹤與套用。

01 於第一頁先選取 "行動上網" 文字，於 **樣式** 工作窗格選按下方 **選項** 開啟對話方塊，於 **選取要顯示成樣式的格式** 項目核選 **段落階層格式設定、字型格式設定、項目符號及編號格式設定**，按 **確定** 鈕。

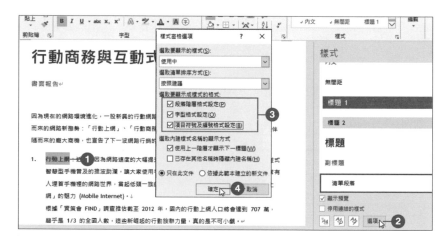

02 於 **樣式** 工作窗格即會發現一 **清單段落 + 粗體, 紅色** 追蹤樣式。

接著按 `Ctrl` 鍵不放，分別選取另外三組行動裝置文字，於 **樣式** 工作窗格選按 **清單段落 + 粗體, 紅色** 樣式，即完成套用。

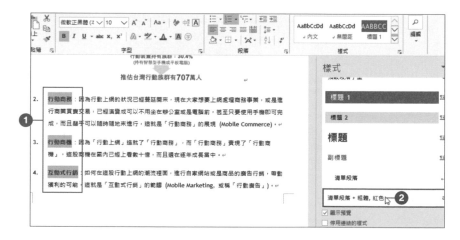

資 訊 補 給 站

關於樣式追蹤設定

1. 產生的追蹤樣式，並無法新增於樣式庫中，但卻可以透過新增或修改建立為新樣式。

於追蹤樣式按清單鈕，清單中可以藉由修改新增樣式。

顯示目前套用相同樣式的總數

無法新增至樣式庫

2. 當開啟樣式追蹤設定時，只要在文件中新增一個樣式，便會在 **樣式** 工作窗格中新增一種樣式，雖然可以全數記錄設定的樣式，卻可能因為樣式過於繁雜而影響選取操作。

這時只要再回到 **樣式窗格選項** 對話方塊中，於 **選取要顯示成樣式的格式** 項目下，取消三項核選，即可移除追蹤設定。

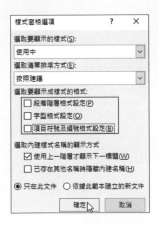

標示相仿樣式並取代內建樣式

當自行設定的樣式與內建樣式類似或相同時，可用以下方式將其標示，並以內建
樣式取代自行設定的樣式，方便之後統整與編輯。

01 於 **檔案** 索引標籤選按 **選項** 開啟對話方塊，於 **進階 \ 編輯選項** 核選 **持續
追蹤格式設定** 及 **標記格式不一致**，按 **確定** 鈕完成。

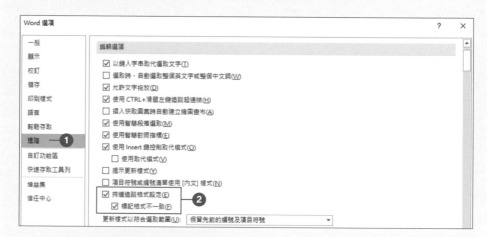

02 選取文件第二頁 "一.交易新模式：O2O" 文字下方的段落文字，於 **常用** 索
引標籤選按 **粗體**、**斜體** 套用，當自行設定的樣式和內建樣式相仿，即會
出現咖啡色虛線底線標示。

於咖啡色虛線底線上按一下滑鼠右鍵，選按 **以樣式 書名 取代直接格式設定**，
可將剛才建立的 **粗體**、**斜體** 樣式，套用內建 **書名** 樣式。

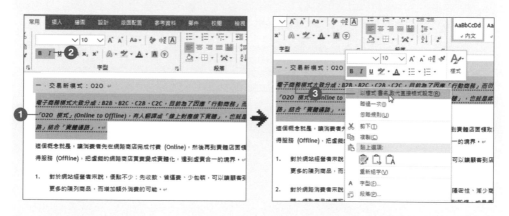

匯出樣式至指定檔案

為了讓二份不同的 Word 文件擁有同樣的樣式，除了逐一重新設定外，也可以使用匯出功能將樣式完整複製到另一個檔案。

以下將把前面 <行動商務書面報告 I.docx> 中 (或直接開啟範例完成檔 <行動商務書面報告 I.docx>)，已建立的樣式匯出至範例原始檔 <影片製作流程說明文件.docx>。

01 按 `Ctrl` + `Alt` + `Shift` + `S` 鍵開啟 **樣式** 工作窗格，選按 **管理樣式** 鈕開啟對話方塊，接著於 **編輯** 標籤選按下方 **匯入/匯出** 鈕開啟對話方塊。

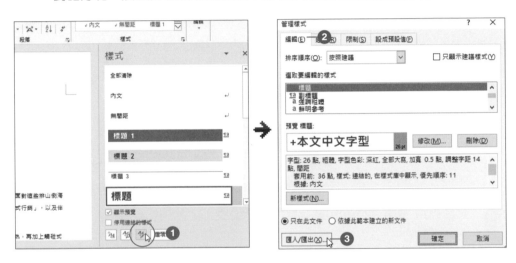

02 於 **樣式** 標籤中選按右側 **關閉檔案** 鈕，再按 **開啟檔案** 鈕開啟對話方塊。

03 選按 **所有檔案(*.*)**，選取範例原始檔 <影片製作流程說明文件.docx>，按 **開啟** 鈕回到 **組合管理** 對話方塊。

04 按 Ctrl 鍵不放選取左側 <行動商務書面報告 I.docx> 標題、標題 1、標題 2 樣式，然後按 **複製** 鈕出現覆寫提示對話方塊，按 **全部皆是** 鈕，將此三個樣式匯出至右側 <影片製作流程說明文件.docx> 中。

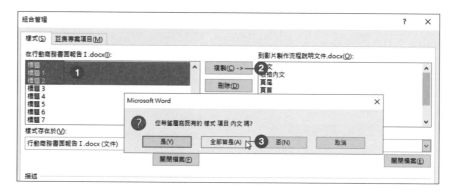

05 最後再按 **關閉** 鈕，出現儲存目的文件的警告訊息，按 **儲存** 鈕，即將樣式匯入到該文件中。

06 當您開啟 <影片製作流程說明文件.docx> 檔案時，於 **樣式** 工作窗格即可看到匯入的三個新樣式。

延 伸 練 習

實作題

依如下提示完成「數位教材研究報告 I」作品。

1. 開啟延伸練習原始檔 <數位教材研究報告 I.docx>，將第一行與第二行文字分別套用樣式庫中的 **標題** 與 **副標題** 樣式。

2. 為前方有 "一、"、"二、"...等編號段落套用內建 **標題 1** 樣式，前方有 "(一)"、"(二)"...等編號段落套用內建 **標題 2** 樣式。

3. 在第二頁選取 "本研究目的....不同平台上" 文字，新增 **重點** 樣式，設定 **字型色彩：紅色** 套用。

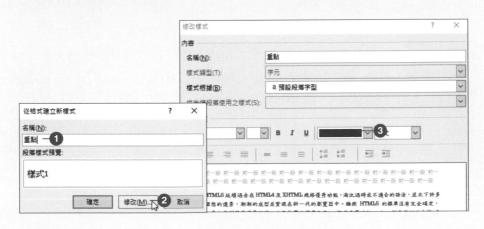

4. 於 **設計** 索引標籤選按 **文件格式設定-其他 \ 線條(簡單)** 樣式集套用。

5. 於 **設計** 索引標籤選按 **色彩 \ 藍綠色** 色彩套用。

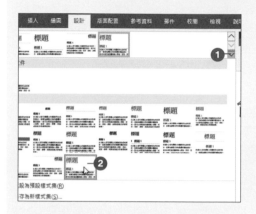

6. 於 **設計** 索引標籤選按 **字型 \ Tw Cen MT-Rockewll** 變更字型。

7. 於 **設計** 索引標籤選按 **段落間距 \ 開放** 調整段落間距。

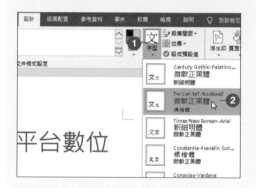

8. 選取第一頁 "製作跨越..." 標題文字，修改 **標題** 樣式，設定 **字型大小：28 pt**、**粗體**、**青色, 輔色1, 較深 25%**。選取 "使用 HTML5" 文字，修改 **副標題** 樣式，設定 **字型大小： 18 pt**、**紅色**，最後記得儲存檔案完成此範例。

13

行動商務書面報告 II
長文件製作

版面設定
大綱模式・頁首頁尾
註腳・目錄
圖表目錄・封面

學習重點

舉凡報告、論文，甚至是書籍的編寫，都是內容複雜的長文件。Word 中提供了許多工具幫助長文件的編輯與設計，讓您輕鬆完成一份專業作品。

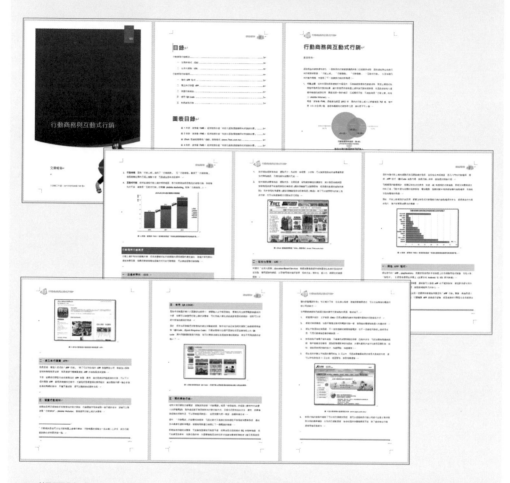

- ➕ 版面設定
- ➕ 大綱模式的使用
- ➕ 設定頁首頁尾及頁碼
- ➕ 目錄的建置與編輯
- ➕ 插入註腳
- ➕ 加上標號
- ➕ 插入圖表目錄
- ➕ 加入封面

原始檔：<本書範例\ch13\原始檔\行動商務書面報告 II.docx>
完成檔：<本書範例\ch13\完成檔\行動商務書面報告 II.docx>

13.1 版面設定

製作這份報告之前，為了讓整體的配置更顯得宜，必須先在文件版面上做一些調整。

01 開啟範例原始檔 <行動商務書面報告 II.docx>，於 **版面配置** 索引標籤選按 **版面設定** 對話方塊啟動器開啟對話方塊。

02 於 **邊界** 標籤設定 **上、下、內、外** 數值，多頁：**左右對稱**。於 **版面配置** 標籤核選 **奇偶頁不同** 與 **第一頁不同**，最後按 **確定** 鈕完成設定。

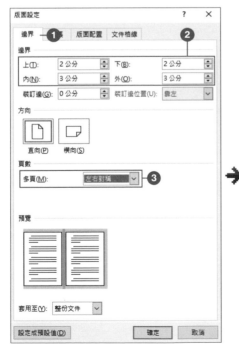
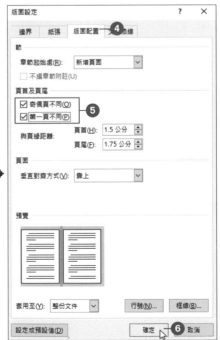

13.2 大綱模式的使用

長文件編輯要依循一定的規則，才能讓內容看來井井有條，也能方便調整及編輯的進行。大綱模式是在編排長文件時，套用樣式之後所產生的階層效果，透過這樣的編排可以快速並靈活地整理文章結構。

認識大綱模式

設定完文件樣式後，於 **檢視** 索引標籤選按 **大綱模式**，即可進入大綱模式。

大綱模式中，文件的內容會以段落為單位，根據所套用的樣式進行層次的排列。建議於 **大綱** 索引標籤取消核選 **顯示文字格式設定**，顯示的內容就不會被格式影響。

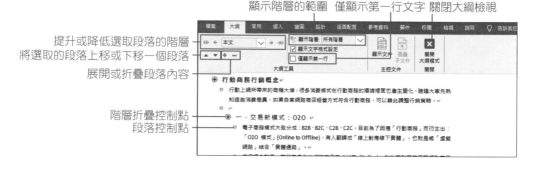

顯示階層

為了要清楚的檢視長文件的結構，可以在 **顯示階層** 中設定要顯示的範圍。選項中預設可以分為 9 個階層，設定好範圍後其他的內容即會被隱藏起來。

▲ 當設定 **顯示階層：階層 2**，文件中只保留標題一 及 標題二 的樣式內容。

折疊或展開段落內容

在折疊的狀態下 (文字下方會有一底線)，若要編輯或檢視某個段落的完整內容，可以在 ⊕ 階層折疊控制點上連按二下滑鼠左鍵，即會展開隱藏的內容。若需再折疊內容，只要在 ⊕ 階層折疊控制點上連按二下滑鼠左鍵即可。

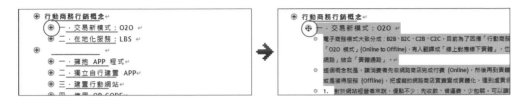

調整段落順序

若要調整段落的順序，可以在選取該段落後選按 ▲ **上移** 或 ▼ **下移** 鈕，即可將選取位置上移或下移一個段落，這個移動的動作包含標題及折疊的內容。也可以直接拖曳選取的段落到要移動的地方放開，完成調整。

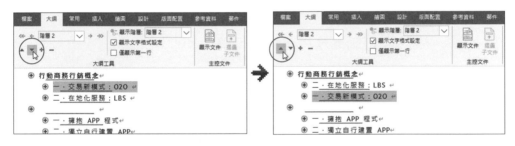

提升或降低段落的階層

若要調整段落的階層，可以在選取該段落後選按 → **降階** 或 ← **升階** 鈕將選取位置提升或降低一個階層。

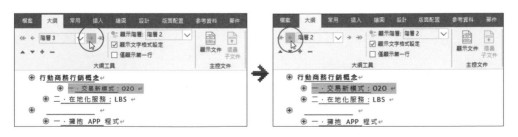

如果要回到一般的編輯模式，只要於 **大綱** 索引標籤選按 **關閉大綱檢視** 即可。

13.3 設定頁首、頁尾及插入頁碼

在文件頁首頁尾的部分，通常會標示書名、章名或頁碼...等，也可加上不同的圖案或文字，只要設定一次，就能套用到所有的頁面上。

設定首頁的頁首

範例中，頁首將顯示文件的正副標題與相關圖案，頁尾則加上頁碼。之前在 **版面配置** 中已設定首頁的頁首頁尾與其他頁不同，所以頁首、頁尾的部分都需要進行個別設定。

01 首先將輸入線移至首頁 (第一頁)，於 **插入** 索引標籤選按 **頁首**，清單中選按 **編輯頁首** 進入頁首編輯區。

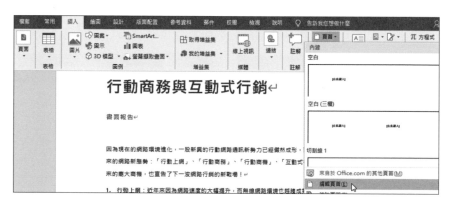

02 因為第一頁是封面頁，所以此處不設計其頁首頁尾。於 **頁首及頁尾工具 \ 設計** 索引標籤選按 **下一節** 設定下個頁首。

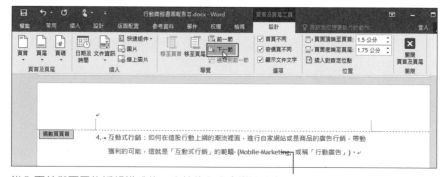

進入頁首與頁尾的編輯模式後，文件的內容會變淡成為不可編輯區域。

設定偶數頁的頁首及頁尾

01 將輸入線移至偶數頁頁首文字編輯區左側,輸入文字:「行動商務與互動式行銷」,反白選取文字後,於 **常用** 索引標設定 **字型:新細明體、字型大小:11 pt、粗體、字型色彩:白色, 背景1, 較深 50%**。

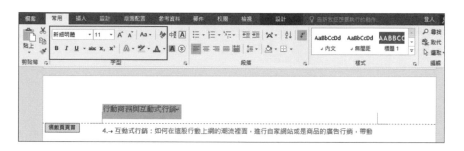

02 將輸入線移至「行動商務與互動式行銷」文字最前方,於 **插入** 索引標籤選按 **線上圖片** (或 **圖片 \ 線上圖片**) 開啟 **插入圖片** 視窗,於 **Bing 影像搜尋** 右側欄位中輸入「sale」後,按 **Enter** 鍵。

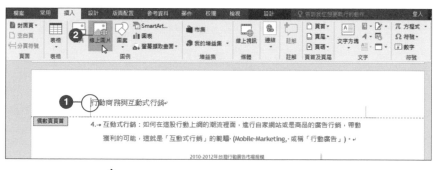

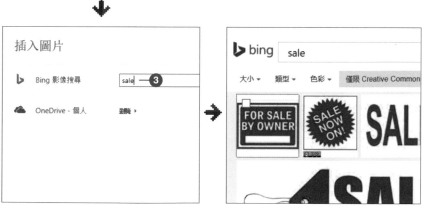

03 選按合適圖片，再按 **插入** 鈕，接著利用圖片的控制點調整圖片到適當大小。

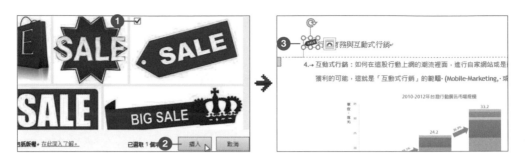

04 選取頁首插入的圖片，於 **常用** 索引標籤選按 **字型** 對話方塊啟動器，於對話方塊選按 **進階** 標籤，設定 **位置** 及 **位移點數**，然後按 **確定** 鈕，調整圖片與文字的對齊狀態。

05 在圖片與文字中間按一下 Space 鍵插入一個半形空白，完成圖片與文字的調整。

06 於 **頁首及頁尾工具 \ 設計** 索引標籤選按 **移至頁尾**，將輸入線移到頁尾開頭的位置。

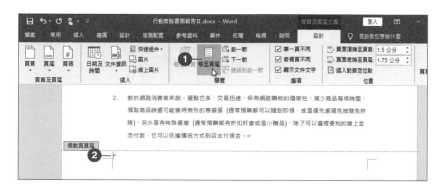

07 於 **頁首及頁尾工具 \ 設計** 索引標籤選按 **頁尾 \ 回顧**，套用設計好的樣式。

08 完成後，文件頁尾會出現套用 **回顧** 樣式的頁碼，接著刪除 **作者** 的資訊。

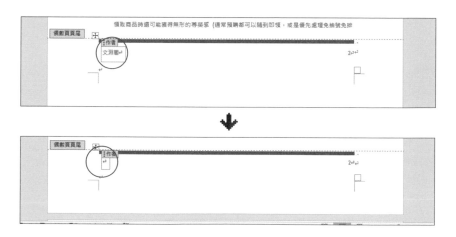

設定奇數頁的頁首及頁尾

01 首先於 **頁首及頁尾工具 \ 設計** 索引標籤選按 **下一節**，再選按 **移至頁首** 切換到奇數頁的頁首。

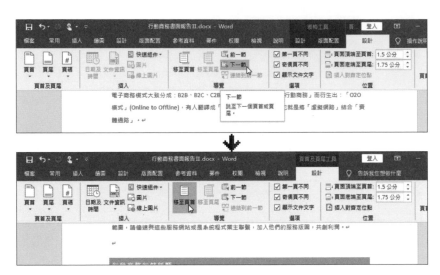

02 於 **常用** 索引標籤選按 **靠右對齊** 鈕，將輸入線移至奇數頁頁首文字編輯區右側輸入「書面報告」並選取，於 **常用** 索引標籤設定 **字型：新細明體、字型大小：11 pt、粗體、字型色彩：白色, 背景1, 較深50%**。

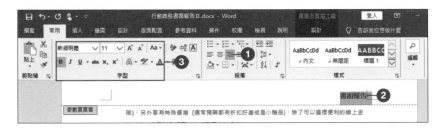

03 將輸入線移至文字最後方，按一下 [Space] 鍵插入一半型空白。接著於 **插入** 索引標籤選按 **線上圖片** (或 **圖片 \ 線上圖片**) 開啟 **插入圖片** 視窗，於 **Bing 影像搜尋** 右側欄位中輸入「shopping bag」關鍵字後，搜尋插入合適的圖片，並依照 P13-8 步驟 4 的操作，調整圖片與文字對齊的狀態。

04 同偶數頁頁尾的設計方法，於 **頁首及頁尾工具 \ 設計** 索引標籤選按 **移至頁尾**，將輸入線移到頁尾開頭的地方。

05 於 **頁首及頁尾工具 \ 設計** 索引標籤選按 **頁尾 \ 回顧**，套用設計好的頁尾樣式，一樣刪除 **作者** 資訊。

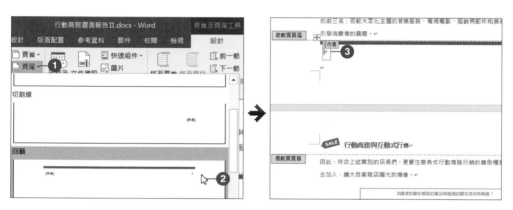

06 到此即完成該份文件頁首、頁尾的設定了，請儲存檔案。接著於 **頁首及頁尾工具 \ 設計** 索引標籤選按 **關閉頁首及頁尾** 離開頁首頁尾編輯模式。

或是直接在頁面的不可編輯區連按二下滑鼠左鍵，一樣可以離開頁首頁尾編輯模式。

13.4 目錄的建置與編輯

完成整份報告的編排後,如果可以在文件的最前面加上目錄頁,就能夠方便閱讀的人藉由目錄快速了解這份文件的重點所在,並確切掌握資料的所在頁數。

目錄建置

01 將滑鼠指標移到第一頁文章的最前端,按一下滑鼠左鍵出現輸入線,於 **版面配置** 索引標籤選按 **分隔符號 \ 分頁符號**。

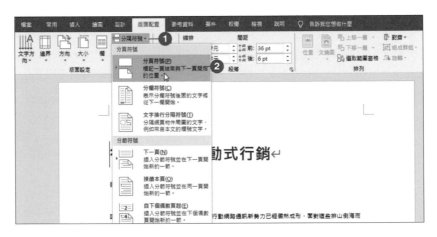

02 開始進行插入目錄的動作。將輸入線移至第一頁的分頁符號前方,輸入「目錄」後按 Enter 鍵。

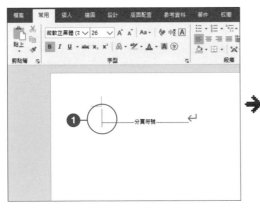

03 接著於 **參考資料** 索引標籤選按 **目錄 \ 自訂目錄** 開啟對話方塊，於 **目錄** 標籤核選 **顯示頁碼** 及 **頁碼靠右對齊**，設定 **顯示階層:「3」**，按 **確定** 鈕產生目錄資料。

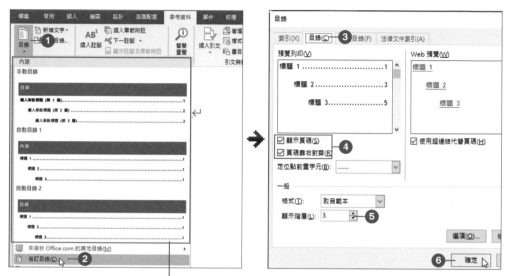

清單中提供幾種內建目錄樣式方便快速套用。

接著文件中輸入線位置即會產生目錄資料。

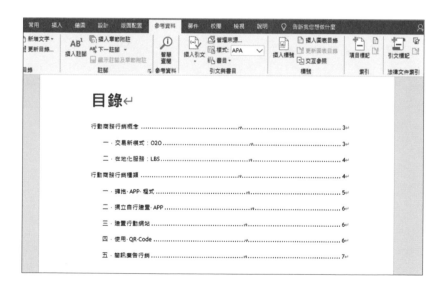

目錄編輯

Word 建置的目錄是使用程式碼所計算出來的結果，並不是單純的文字，所以不但可以透過 **追蹤連結** 直接切換到該頁，還可以進行 **更新目錄** 的動作。

1. **追蹤連結**：將滑鼠指標移至某一個目錄項目上，按 Ctrl 鍵不放出現手掌形狀時，按一下滑鼠左鍵，頁面即會捲動到該資料的所在頁次，可以藉此檢查目錄的頁碼是否正確。

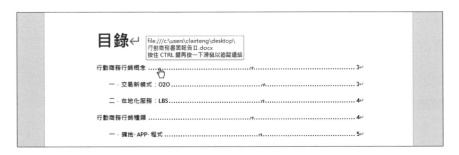

2. **刪除目錄項目**：選取該目錄項目後，按 Del 鍵來移除不要的目錄項目。

3. **更新目錄**：當文件新增或刪除某些內容時，顯示的目錄項目或頁數也必須更新。這時就可以按 F9 鍵或在目錄區上按一下滑鼠右鍵選按 **更新功能變數**。

    進入 **更新目錄** 對話方塊，如果是核選 **只更新頁碼**，會將目錄中的頁碼重新計算；如果是核選 **更新整個目錄** 則是重新計算整個目錄內容。

資訊補給站

中斷連結

當報告或書籍內容頁數太多，造成檔案開啟與目錄處理動作太慢時，可以將文件分成幾個檔案處理，最後再把目錄集合起來貼在同個檔案中，形成一個總目錄。

選取整塊目錄範圍，按 `Ctrl` + `Shift` + `F9` 鍵一次即可中斷連結。(將滑鼠指標移至某一個目錄項目上，按 `Ctrl` 鍵不放沒有出現手掌形狀)

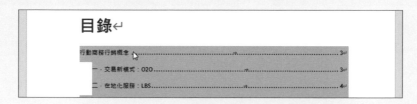

這時就可以直接編輯目錄資料 (中斷連結後的目錄資料無法再執行更新目錄的功能)。

功能變數網底

版本較舊的 Word 在建立目錄時會出現淺灰色背景，不過在列印時並不會印出來，在 Word 2013 之後版本預設選取時會顯示功能變數網底。如果想要調整變數網底狀態，於 **檔案** 索引標籤選按 **選項** 開啟對話方塊，於 **進階 \ 顯示文件內容** 項目中，選按 **功能變數網底** 清單鈕，再設定變數網底顯示狀態！

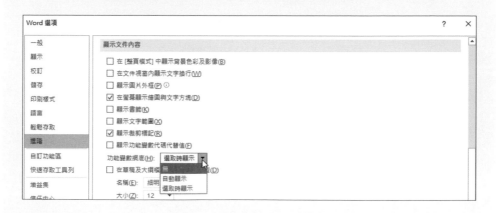

13.5 插入註腳

如果在文件中出現一些專有名詞，或是一些可以深入說明的部分，可以利用插入註腳的方式，將這些名詞標示起來，再將說明置於該頁的下方，讓讀者便於查找。

01 在第六頁選取要加入註腳的文字後，於 **參考資料** 索引標籤選按 **插入註腳**，準備為這個名詞加上說明。

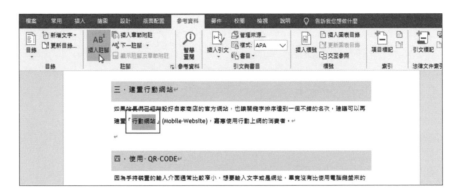

02 在選取的文字後方會自動加上標號，並且在該頁的下方新增出一個文字編輯區域，在該區域的標號後方輸入註解文字。(文字內容可參考範例原始檔 <註腳標號文字.txt>)

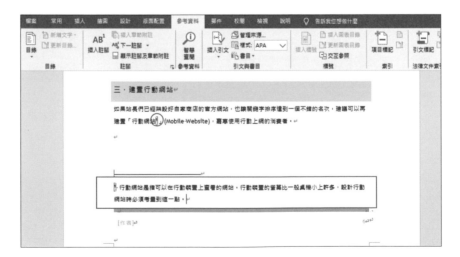

資訊補給站

註腳的檢視方式

編輯文件過程中，若因為捲動頁面而離開了標示註腳的頁面時，於 **參考資料** 索引標籤選按 **顯示註腳及章節附註** 即可移動到最後增加的註腳處，並可透過 **下一註腳** 清單鈕的選按，由清單中選擇要執行前一個或下一個註腳。

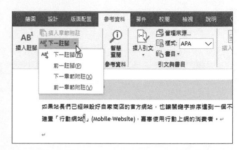

調整註腳的數字格式與起始值

插入的註腳，不僅可以調整編號格式，還可以自訂起始號碼。請於 **參考資料** 索引標籤選按 **註腳** 對話方塊啟動器開啟 **註腳及章節附註** 對話方塊，視需要於 **格式** 進行調整即可。

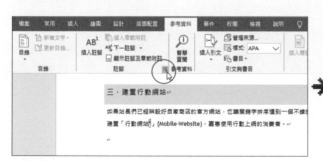

刪除註腳

如果要刪除註腳，選取文件中的註解參照標記，再按 Del 鍵，即可刪除註腳文字，而註腳也會重新編號。

13.6 建立圖片或表格的目錄

文件中加入適合的圖片及表格，可以讓使用者對文件內容更加了解。但是如何快速找到需要的圖片或表格呢？在 Word 中可以為圖片及表格加上標號，並且產生專屬的目錄，讓使用者快速查詢並進行應用。

加入標號

01 選取第二頁要加入標號的圖片，於 **參考資料** 索引標籤選按 **插入標號** 開啟對話方塊。

02 在 **標號** 項目中，於 "Figure 1" 後方輸入圖片說明文字「來源：資策會...計畫」，然後按 **新增標籤** 鈕。再於對話方塊的 **標籤** 項目中輸入「圖」後按 **確定** 鈕。(圖片相關文字可以參考範例原始檔 <註腳標號文字.txt>)

03 發現原本 **標號** 中 "Figure 1" 文字更改為 "圖 1"，設定 **標籤：圖、位置：選取項目之下** 後按 **確定** 鈕。

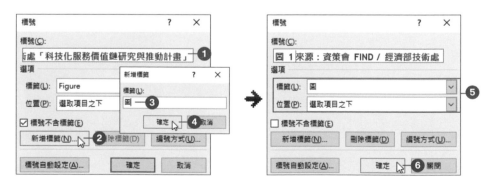

回到文件中，剛才選取的圖片下方已經加上標號了。

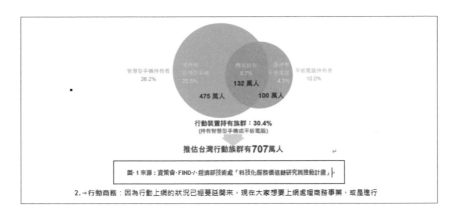

行動裝置持有族群：30.4%
(持有智慧型手機或平板電腦)

推估台灣行動族群有707萬人

圖‧1 來源：資策會‧FIND‧/‧經濟部技術處「科技化服務價值鏈研究與推動計畫」↵

2.→行動商務：因為行動上網的狀況已經蔓延開來，現在大家想要上網處理商務事業，或是進行

04 依相同方式，為其他的圖片加上標號，此時會發現，在加入的過程中 Word 會自動為圖片編號。

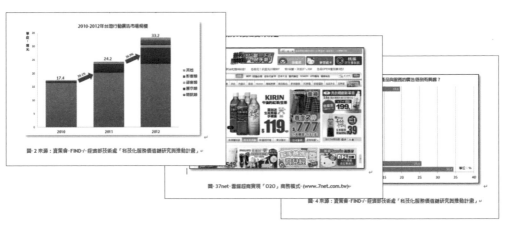

圖‧2 來源：資策會‧FIND‧/‧經濟部技術處「科技化服務價值鏈研究與推動計畫」↵

圖‧37net‧蕃薯藤經商實現「O2O」商務模式‧(www.7net.com.tw)↵

圖‧4 來源：資策會‧FIND‧/‧經濟部技術處「科技化服務價值鏈研究與推動計畫」↵

圖‧5 非凡大探索是介紹旅遊美食的免費‧APP↵

圖‧6 張貼自家網站的‧QR-Code，方便行動上網族直接掃描而省去輸入網址的麻煩↵

圖‧7 亞太電信推出優惠簡訊方案‧(www.apol.com.tw)↵

插入圖表目錄

加入圖片或是表格的標號之後，就可以在文件中插入圖表目錄，讓使用者可以快速的找到這些圖表所在的頁數。

01 回到原來加入目錄的頁數，將輸入線移到 **分頁符號** 前方，輸入 「圖表目錄」，按一下 Enter 鍵，於 **參考資料** 索引標籤選按 **插入圖表目錄** 開啟對話方塊。

02 這裡使用預設值，然後按 **確定** 鈕，回到原來的畫面就可以看到圖表目錄已經成功插入頁面中。

13.7 加入封面

完成報告內容與目錄製作後，現在就來製作報告封面。Word 為方便長文件的製作，已預設多套設計好的封面，即點即用。

01 於 **插入** 索引標籤選按 **封面頁**，選擇合適的設計後即會套用在頁面上。

02 封面頁會自動產生於此份文件的第一頁，上方會提示要輸入的資訊。輸入年度、標題、副標題、公司名稱及地址，並插入圖片後即可完成封面製作。

插入以「e-commerce」為關鍵字所搜尋的線上圖片並調整大小。

封面頁插入並設定完畢後，儲存檔案即可完成本章的範例。

實作題

依如下提示完成「數位教材研究報告 II」作品。

1. 開啟延伸練習原始檔 <數位教材研究報告 II.docx>，在 **版面配置** 中，預設首頁的頁首頁尾與其他頁不同，所以於 **插入** 索引標籤選按 **頁首 \ 編輯頁首**，按 **下一節** 切換至偶數頁頁首編輯區 (第二頁)。

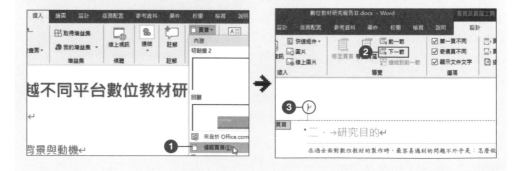

2. 套用 **移動 (偶數頁)** 頁首樣式，並輸入文件標題。

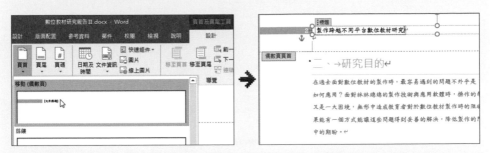

3. 接著將輸入線移至偶數頁頁尾開頭，於 **插入** 索引標籤選按 **頁尾 \ 移動 (偶數頁)** 頁尾樣式套用，並設定日期。

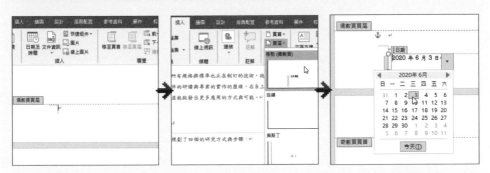

4. 切換至奇數頁頁首 (第三頁)，同偶數頁頁首作法，套用 **移動(奇數頁)** 頁首樣式，並輸入文件標題。

5. 然後同偶數頁頁尾設計方法，將輸入線移至頁尾，套用 **移動(奇數頁)** 頁尾樣式，並設定日期。

6. 分別選取第三頁 「(二) 以HTML5...」項目中第二段的「應用軟體」文字，以及第四頁「(四) 結合雲端...」項目中第二段的「雲端上的服務」文字，插入註腳 1 跟註腳 2 (內容請參考 <註腳文字.txt>)。

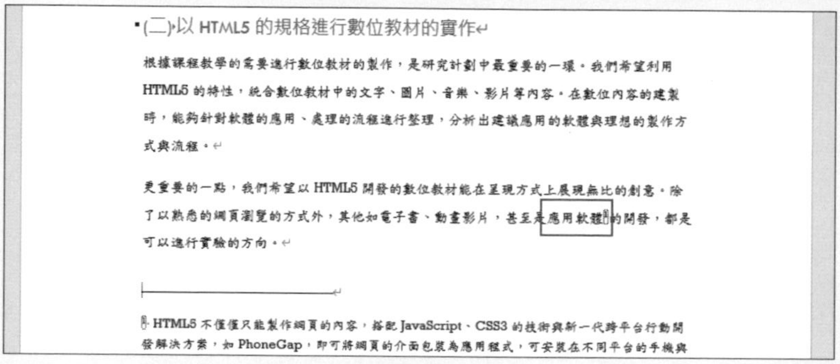

(二) 以 HTML5 的規格進行數位教材的實作

根據課程教學的需要進行數位教材的製作，是研究計劃中最重要的一環。我們希望利用 HTML5 的特性，統合數位教材中的文字、圖片、音樂、影片等內容。在數位內容的建製時，能夠針對軟體的應用、處理的流程進行整理，分析出建議應用的軟體與理想的製作方式與流程。

更重要的一點，我們希望以 HTML5 開發的數位教材能在呈現方式上展現無比的創意。除了以熟悉的網頁瀏覽的方式外，其他如電子書、動畫影片，甚至是應用軟體[1]的開發，都是可以進行實驗的方向。

[1] HTML5 不僅僅只能製作網頁的內容，搭配 JavaScript、CSS3 的技術與新一代跨平台行動開發解決方案，如 PhoneGap，即可將網頁的介面包裝為應用程式，可安裝在不同平台的手機與

▲ 註腳 1

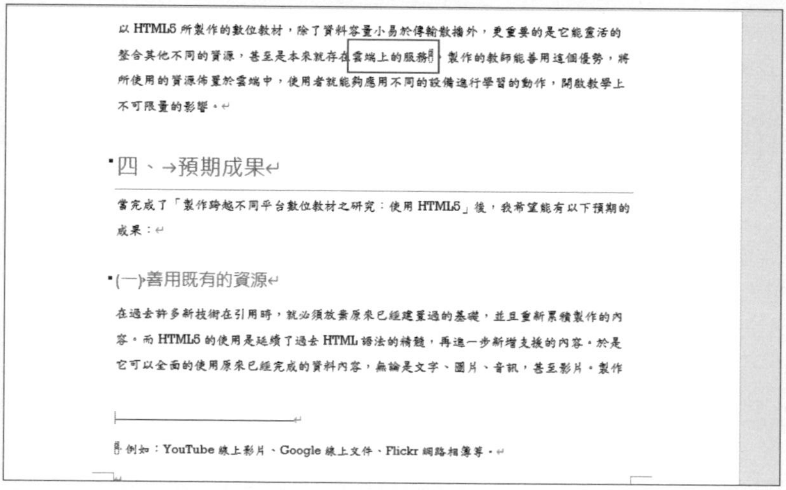

以 HTML5 所製作的數位教材，除了資料容量小易於傳輸散播外，更重要的是它能靈活的整合其他不同的資源，甚至是本來就存在雲端上的服務[2]，製作的教師能善用這個優勢，將所使用的資源佈置於雲端中，使用者就能夠應用不同的設備進行學習的動作，開啟教學上不可限量的影響。

四、預期成果

當完成了「製作跨越不同平台數位教材之研究：使用 HTML5」後，我希望能有以下預期的成果：

(一) 善用既有的資源

在過去許多新技術在引用時，就必須放棄原來已經建置過的基礎，並且重新累積製作的內容。而 HTML5 的使用是延續了過去 HTML 語法的精髓，再進一步新增支援的內容。於是它可以全面的使用原來已經完成的資料內容，無論是文字、圖片、音訊，甚至影片。製作

[2] 例如：YouTube 線上影片、Google 線上文件、Flickr 網路相簿等。

▲ 註腳 2

7. 將輸入線移至第一頁文章最前端，插入 **分頁符號**，然後於第一頁輸入 「目錄」 文字並設定 **標題 1** 樣式。於 **參考資料** 索引標籤選按 **目錄 \ 自訂目錄** 產生目錄資料，再插入「放大鏡」線上圖案。

8. 最後於 **插入** 索引標籤選按 **封面頁 \ 切割線 (深)**，修改文件標題及副標題後，儲存檔案完成此範例。

14

旅行檢查清單
文件校閱與保護

追蹤修訂‧註解
顯示標記‧檢閱窗格
接受或拒絕變更
列印標記‧限制編輯

學習重點

透過 Word 追蹤修訂功能，校閱多人編輯的文件或報告，將大家在文件各處修改的狀態，或是彼此溝通的內容，透過各種標示與註解進行顯示。編輯者不但可以整合這些校閱記錄，清楚知道文件中變更的部分，也可以依需求接受或是修改部分內容，讓作品更完美！

✚ 開啟追蹤修訂狀態	✚ 註解方塊顯示內容	✚ 接受文件所有變更
✚ 新增註解	✚ 標記顯示的種類	✚ 個別接受文件變更
✚ 回覆註解	✚ 顯示某個檢閱者標記	✚ 個別拒絕文件變更
✚ 編輯及刪除註解	✚ 垂直水平檢閱窗格	✚ 列印文件中的標記
✚ 快速切換顯示註解	✚ 檢閱狀態的顯示與調整	✚ 啟動取消文件保護

原始檔：<本書範例 \ ch14 \ 原始檔 \ 旅行檢查清單.docx>
完成檔：<本書範例 \ ch14 \ 完成檔 \ 旅行檢查清單.docx>

14.1 開啟追蹤修訂狀態

使用文件追蹤修訂的功能十分容易，只要將該功能開啟即開始記錄文件的編修狀況，關閉即暫停。

開啟範例原始檔 <旅行檢查清單.docx>，此份文件預設其他人已先修訂，接下來就在這個前提下，檢視與操作以下各項追蹤修訂。

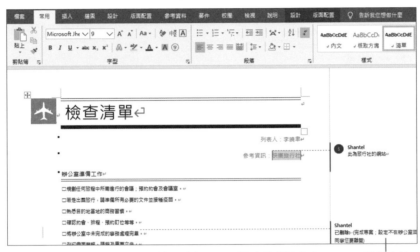

▲ 此份文件已先標示了刪除與註解的內容　　　　　　　註解方塊

—TIPS—

沒有顯示註解方塊？

倘若文件右側沒有自動展開 **註解方塊**，可以於 **校閱** 索引標籤選按 **顯示標記 \ 註解方塊** (或 **球形文字說明**) **\ 僅在註解方塊顯示註解和格式** (或 **在球形文字說明顯示修訂**)。

01 於 **校閱** 索引標籤選按 **追蹤修訂** 清單鈕 \ **追蹤修訂**，整份文件即會進入追蹤修訂的狀態，另外確認設定 **顯示供檢閱：所有標記**。

02 當進入文件的追蹤修訂狀態時，並不是每個動作都會記錄，而是針對文件內容，如：文字格式或樣式修改...等狀況來標示。

利用 Ctrl 鍵選取文件中 "辦公室準備工作"、"家中準備工作"、"打包行李" 及 "留給家人的項目" 四段文字，於 **常用** 索引標籤套用 **編號** 及 **字型色彩** 設定，此時在文件右側 **註解方塊** 上會標示修改的段落與執行的動作。

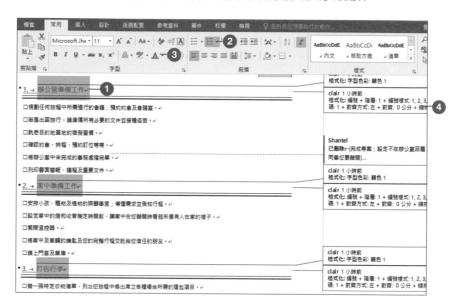

03 接著選取 "檢查清單" 文字，一樣於 **常用** 索引標籤設定 **字型** 及 **字型色彩**。

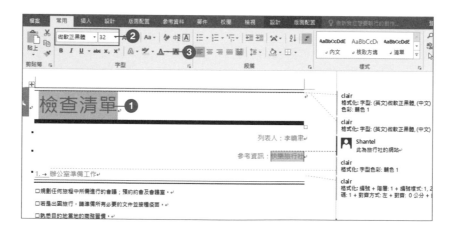

04 在內文中新增或刪除文字也是文件追蹤修訂記錄的內容之一，但並不會標示在 **註解方塊** 上，而是顯示在內文段落中。

將輸入線移至 "檢查清單" 最前方，輸入 "商務旅行" 文字，此時新增的文字會以預設顏色顯示。

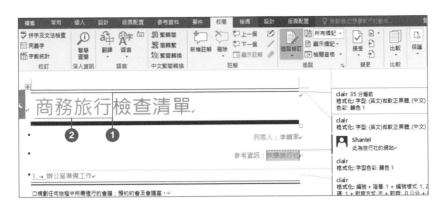

05 將輸入線移至 "3. 打包行李" 段落文字下方，第一項檢查的 "達" 文字前方按 Del 鍵，刪除文字後會於右側 **註解方塊** 標示刪除的動作。

接著輸入正確文字「打」，新增文字一樣以預設顏色顯示。

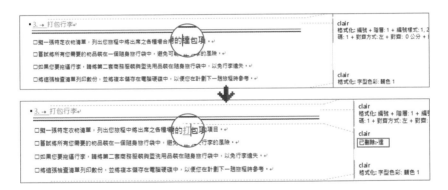

TIPS

如何暫停文件追蹤修訂的狀態？

在編輯的過程中可以使用下述方式暫停文件追蹤修訂的狀態：

1. 於 **校閱** 索引標籤再選按 **追蹤修訂** 清單鈕 \ **追蹤修訂**，即會暫停文件追蹤修訂的狀態。

2. 按 Ctrl + Shift + E 鍵也可立即暫停文件追蹤修訂的狀態。

若要恢復追蹤修訂的狀態，只要再執行一次上述二個方式的其中一種。

14.2 使用註解

審校文件內容時，編輯者可以對某些內容加上註解，這時編輯者名稱會顯示在 **註解方塊** 中，協同工作的團隊成員即可於註解互動。

新增註解

要在文件中新增註解，首先選取要加上註解的文字或段落，再於 **校閱** 索引標籤選按 **新增註解**，在 **註解方塊** 中馬上顯示編輯者的名稱，並可輸入註解的內容。(相關文字可以參考範例原始檔 <註解文字.txt>)

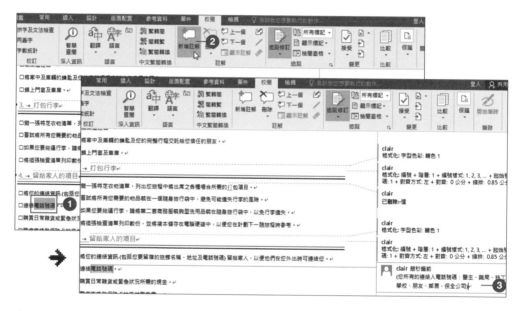

當同一份文件被不同的使用者加入註解時，會以不同的編輯者名稱及不同的顏色區隔，如下圖的 Shantel 與 Clair。

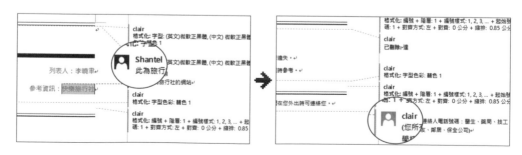

回覆註解

要在文件中回覆某個註解，可以將輸入線移至要回覆的註解中，選按 🔲 **回覆** 鈕，
在原註解產生回覆者名稱，之後輸入內容 (相關文字可以參考範例原始檔 <註解文
字.txt>)，即可回覆該註解。

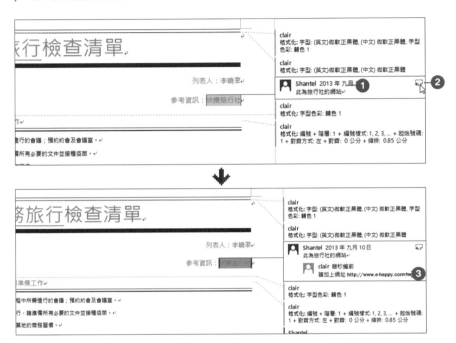

編輯及刪除註解

若要修改註解的內容，將輸入線移到註解中即可編輯。(此範例在文件下方第二個註
解中先刪除 "技工、"，再於最後輸入「、保險員」文字)

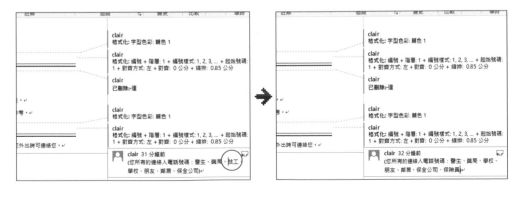

若要刪除某個註解，將輸入線移至該註解內，於 **校閱** 索引標籤選按 **刪除** 清單鈕 \
刪除 即可將該註解刪除。(此範例不做刪除動作)

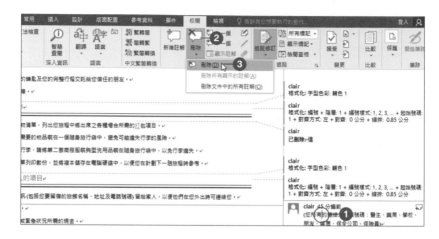

─ⓉⒾⓅⓈ─

一次刪除文件中的所有註解

若要一次刪除文件中所有的註解，可以於 **校閱** 索引標籤選按 **刪除** 清單鈕 \ **刪除
文件中的所有註解**，即可刪除文件中所有的註解。

快速切換顯示註解

當文件的頁數較多，修改的註解通常也跟著變多。註解與註解之間的切換，就不是
單純以滑鼠拖曳或是按 PageUp 、 PageDown 鍵翻頁就可以解決。

將輸入線移至某一註解內，於 **校閱** 索引標籤選按 **下一個**，此時輸入線會移到下一個
註解處。若要回到上一個註解，則選按 **上一個**。

14.3 標記種類與顯示設定

在追蹤修訂狀態下，當修改文章內的文字格式或樣式時，會在 **註解方塊** 中顯示修訂內容。其實為了方便編輯者審核，Word 提供各種不同類型的標記，藉此讓修訂的過程更容易。

切換註解方塊的顯示內容

開啟範例完成檔 <旅行檢查清單.docx>，於 **校閱** 索引標籤選按 **追蹤修訂** 清單鈕 \ **追蹤修訂** 進入追蹤修訂的狀態。

01 於 **校閱** 索引標籤選按 **顯示標記 \ 註解方塊** (或 **球形文字說明**)，預設狀態是核選 **在註解方塊顯示修訂** (或 **在球形文字說明顯示修訂**)，這代表在追蹤修訂的狀態下修改文章內的文字格式、樣式或刪除時，都會列在 **註解方塊** 中。

02 想隱藏 **註解方塊** 讓編輯畫面單純，可以於 **校閱** 索引標籤選按 **顯示標記 \ 註解方塊** (或 **球形文字說明**) \ **在文字間顯示所有修訂**，所有編修會顯示在本文編輯區，而部分註解內容則會以編輯者的縮寫標示。

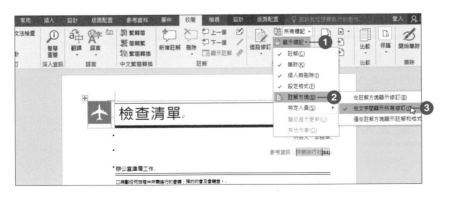

03 在追蹤修訂的狀態下，修改文章內的文字格式或樣式才會列在 **註解方塊** 中。可以於 **校閱** 索引標籤選按 **顯示標記 \ 註解方塊** (或 **球形文字說明**)，核選 **僅在註解方塊顯示註解和格式**。

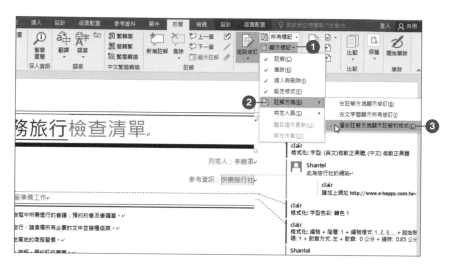

設定標記顯示的種類

在 Word 中標記的種類相當多，於 **校閱** 索引標籤選按 **顯示標記**，清單中會顯示所有的標記內容。

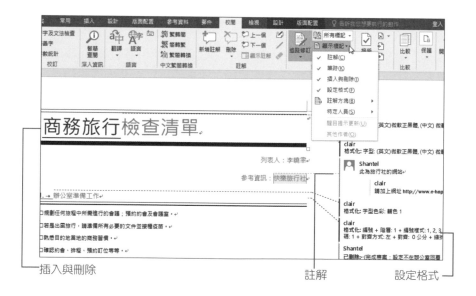

顯示某個檢閱者的標記內容

當一篇文章被許多人檢閱過，顯示某個檢閱者的標記內容就變得十分需要。

於 **校閱** 索引標籤選按 **顯示標記 \ 特定人員**，清單中顯示所有的檢閱者名字，預設是核選 **所有的檢閱者**。而當只核選某一位檢閱者的名字時，文件中標記部分就只會顯示該檢閱者所標示的內容。

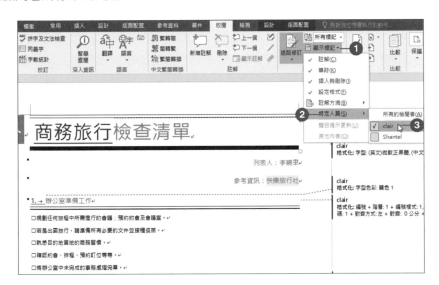

14.4 檢閱窗格

當同一份文件中的標記過多，使用檢閱窗格可以快速且有順序的檢視所有的標記內容，並針對標記修正。

開啟範例完成檔 <旅行檢查清單.docx>，於 **校閱** 索引標籤選按 **追蹤修訂** 清單鈕 \ **追蹤修訂** 進入追蹤修訂的狀態。

01 於 **校閱** 索引標籤選按 **檢閱窗格** 清單鈕，清單中提供垂直及水平的檢閱窗格顯示方法，其內容都相同，選按 **垂直檢閱窗格**。

02 預設在視窗的左側會開啟 **垂直檢閱窗格**。檢閱窗格中會按照標記的前後順序放置每一筆修改內容，使用者在某一個修訂項目上連按二下滑鼠左鍵，文件會捲動到該處並出現輸入線。

如果想要顯示詳細的修訂摘要時，只要於檢閱窗格選按 ⌃ 鈕即可展開查閱。

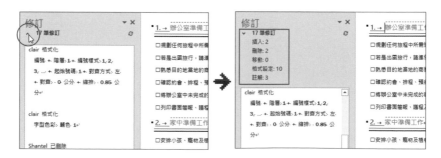

14.5 檢閱狀態的顯示與調整

檢閱後想要檢視該文件原稿或完稿後的內容，於 **校閱** 索引標籤選按
顯示供檢閱 清單鈕，清單中提供四種檢視狀態。

開啟範例完成檔 <旅行檢查清單.docx>，於 **校閱** 索引標籤選按 **追蹤修訂** 清單鈕 \ **追
蹤修訂** 進入追蹤修訂的狀態。

01 **簡易標記**：以文件審核標記後的完稿狀態呈現，並只顯示簡易標記與註解，
此為文件預設的檢視狀態。

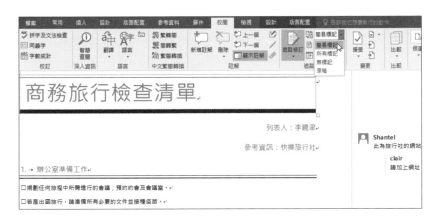

02 **所有標記**：顯示未經審核標記前的原始文件，並將標記與註解完整呈現。(不
顯示文字段落格式狀態)

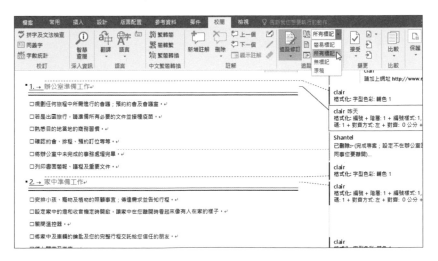

03 **無標記**：文件經審核編輯後的完稿狀態，不顯示任何的標記及註解。

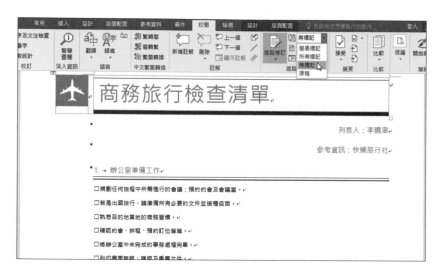

04 **原稿**：文件未經審核標記前的原貌。

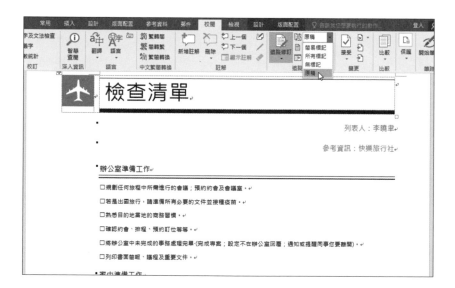

TIPS

檢閱狀態的調整並不會影響文件目前結果

檢閱狀態的調整並不會影響文件目前的結果，僅是提供目前檢閱者觀看調整前後的結果。若要讓文件接受或拒絕變更，必須執行變更的動作才能完成。

14.6 接受或拒絕變更

文件在編輯修訂後回到原作者或主要編輯的手上時,根據每個人的檢閱結果進行判斷與整合、接受或拒絕文件中的變更,即可完成所有稿件的編輯動作。

接受文件中所有的變更

開啟範例完成檔 <旅行檢查清單.docx>,於 **校閱** 索引標籤選按 **追蹤修訂** 清單鈕 \ **追蹤修訂** 進入追蹤修訂的狀態。

於 **校閱** 索引標籤選按 **接受** 清單鈕 \ **接受所有變更**,整份文件已做變更,且除了註解外,其他的變更標記都會消失。

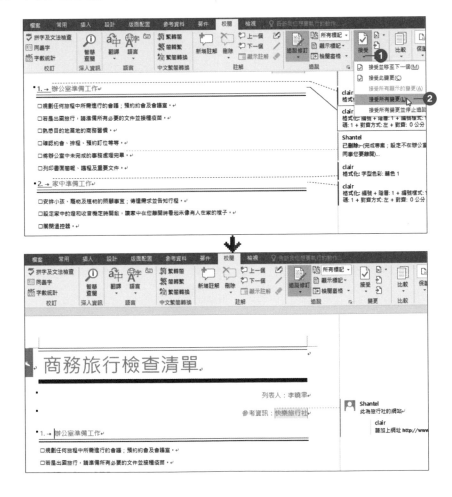

個別接受文件中的變更

01 想要一一判斷再決定是否接受或拒絕文件中的變更，可以先在 **註解方塊** 選按
第一個標記或註解，於 **校閱** 索引標籤選按 **接受** 清單鈕 \ **接受並移至下一個**。

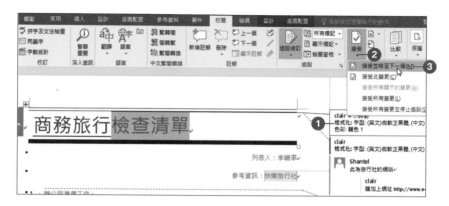

02 除了會接受目前的變更外，也會移動到下一個標記或註解中。

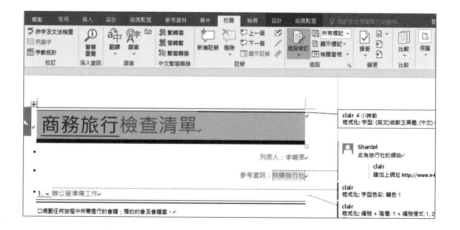

TIPS

接受此變更

於 **校閱** 索引標籤選按 **接受** 清單鈕 \ **接受此變更** 會馬上接受目前變更，但並不會
移動到下一個標記或註解中。

個別拒絕文件中的變更

選取要處理的標記或註解，於 **校閱** 索引標籤選按 **拒絕** 清單鈕 \ **拒絕並移至下一個**，除了不會變更外，也會將輸入線移動到下一個標記或註解中。

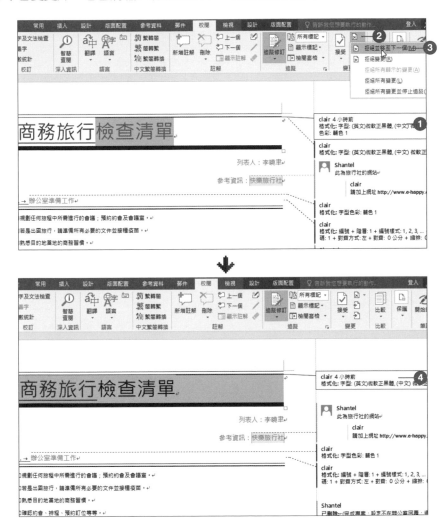

TIPS

拒絕變更

於 **校閱** 索引標籤選按 **拒絕** 清單鈕 \ **拒絕變更** 會馬上拒絕目前變更，但並不會移動輸入線到下一個標記或註解中。

14.7 列印文件中的標記

檢閱過程中的標記除了在文件上顯示外，還可以直接將結果列印出來比對，甚至只列印修改過後的文件內容。

開啟範例完成檔 <旅行檢查清單.docx>，於 **檔案** 索引標籤選按 **列印** 切換至相關介面，再選按 **列印所有頁面** 展開清單，若核選 **列印標記**，列印結果除了文件內容外，還會顯示所有的文件標記；反之，則只列印修改後的文件內容。

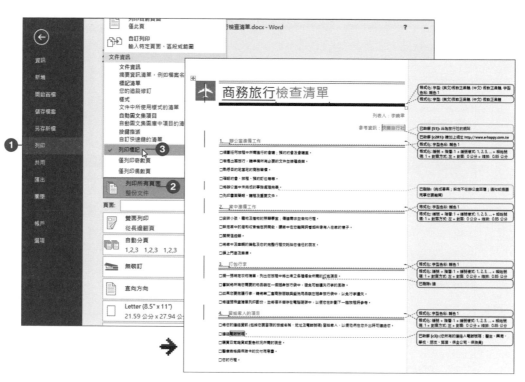

-**TIPS**-

僅列印文件的標記清單

若希望能將所有的文件標記以清單的方式列印出來，但是不包含內容，可以選按 **列印所有頁面** 展開清單，核選 **標記清單** 直接列印文件的標記清單。

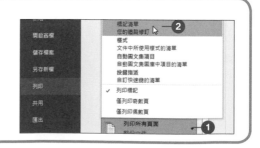

■ 14-18

限制編輯

當文件在傳閱時，如果不希望內容被瀏覽者隨意變更，可以利用 Word 提供的保護功能，依照需求搭配 "格式設定限制"、"編輯限制" 功能，為文件提供最佳的安全保護！

啟動文件保護

01 開啟範例完成檔 <旅行檢查清單.docx>，首先啟動文件保護與限制編輯的動作。於 **校閱** 索引標籤選按 **限制編輯** 開啟工作窗格，核選 **文件中僅允許此類型的編輯方式**，選按清單鈕 \ **註解**。

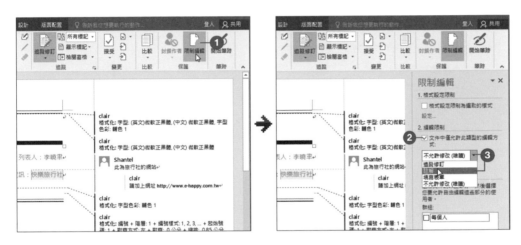

02 接著於下方按 **是，開始強制保護** 鈕在進入 **開始強制保護** 對話方塊後，核選 **密碼**，若不加密碼直接按 **確定** 鈕。

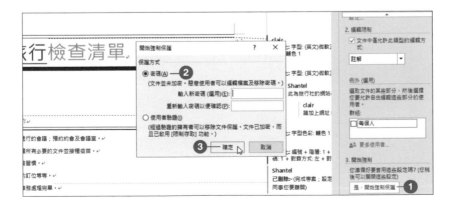

03 此時在完成保護限制的文件中，我們可以加入註解的動作，但是當我們選取文字，按 [Del] 鍵刪除時，在下方的狀態列即會出現 "無法修改，因為選取範圍已被鎖定" 訊息，表示除了新增註解的動作外，其餘編輯動作是被限制的。

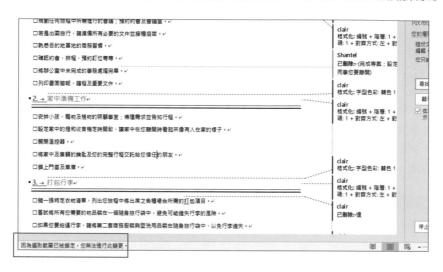

取消文件保護

如果要取消該文件的保護，必須再次於 **校閱** 索引標籤選按 **限制編輯** 進入工作窗格中，按 **停止保護** 鈕，接著取消核選 **文件中僅允許此類型的編輯方式**。

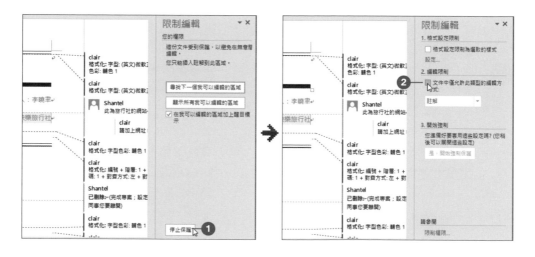

<h1 style="text-align:center">延 伸 練 習</h1>

實作題

依如下提示完成 "新書電子報" 作品。

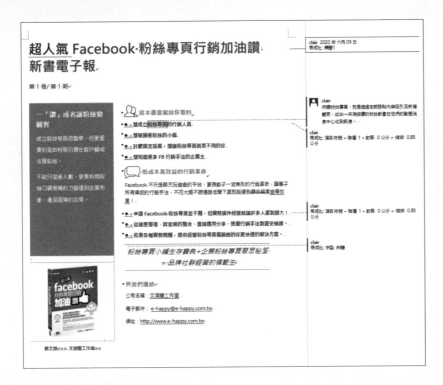

1. 開啟延伸練習原始檔 <新書電子報.docx>，進入 **追蹤修訂** 的狀態，**顯示標記** 設定為 **僅在註解方塊顯示註解和格式**。

2. 將輸入線移至文章最上方的標題文字，於 **常用** 索引標籤套用內建的 **標題1** 樣式。

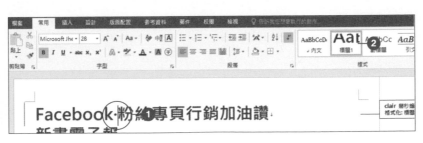

3. 分別選取下圖中的三個範圍，於 **常用** 索引標籤套用 **項目符號** 及 **斜體** 調整文字格式。

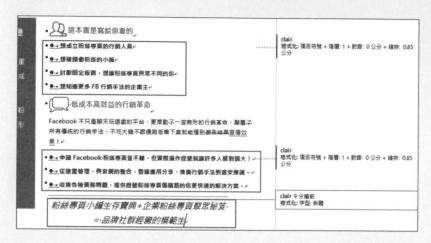

4. 在文章上方的標題文字，最前方輸入 "超人氣"；而在 "低成本高效益…" 文字下方第一段，進行一些刪除和輸入文字動作；最後在 "與我們聯絡" 下方輸入 "公司名稱"、"電子郵件" 和 "網址" 資訊。

5. 選取 "粉絲專頁" 文字，新增註解。(相關文字可以參考延伸練習原始檔 <註解文字.txt>)

6. 最後於 **校閱** 索引標籤選按 **限制編輯** 啟動文件保護，設定 **不允許修改 (唯讀)** 的編輯限制，不加密碼，完成後記得儲存檔案。

15

段考試題卷
方程式建立與應用

方程式符號

結構方程式・複合方程式

方程式選項・儲存

"數學試題" 主要學習利用內建的方程式工具建立特定的數學符號或方程式，讓建立與編修方程式的使用上更加方便。

- 輸入方程式
- 插入特殊數學符號
- 新增與修改常見的數學方程式
- 插入內建結構方程式
- 插入複合方程式
- 方程式由橫式改為直式
- 調整方程式位置
- 調整方程式字型
- 儲存自訂方程式

原始檔：<本書範例 \ ch15 \ 原始檔 \ 數學試題.docx>
完成檔：<本書範例 \ ch15 \ 完成檔 \ 數學試題.docx>

15.1 建立方程式

內建的數學符號及方程式可以用在製作考卷及講義上，只要熟悉方程式工具的位置及符號的分類，一定能夠更加事半功倍。

輸入方程式

開啟範例原始檔 <數學試題.docx>，這是一份考試卷，目前已經建置好除了方程式以外的內容，接著利用內建的符號快速插入數學方程式。

01 將輸入線移至第一題 "若" 文字後方，於 **插入** 索引標籤選按 **方程式** 清單鈕 \ **插入新方程式**，(或按 Alt + ± 鍵也可以直接插入一個方程式編輯框)。

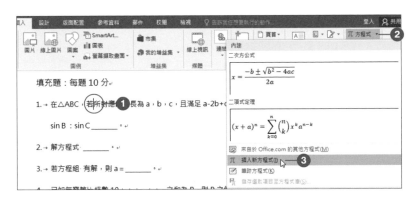

02 此時功能區會顯示 **方程式工具 \ 設計** 索引標籤，而在文件的輸入線位置則出現方程式編輯框。

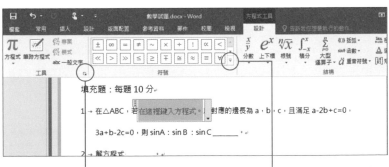

選按 **工具** (或 **轉換**) 對話方塊啟動器，可以開啟 **方程式選項** 對話方塊進行細部設定。

選按 **符號-其他** 開啟的符號清單，提供更多的符號類別。

插入特殊數學符號

在 **符號** 或 **結構** 區中選按任何數學符號時，會直接顯示於方程式編輯框內。接下來要運用數學符號，完成句子為「∠A，∠B，∠C」。

01 於 **方程式工具 \ 設計** 索引標籤選按 **符號-其他**，選按清單上方的標題列即可展開類別選項。(此例套用 **幾何**)

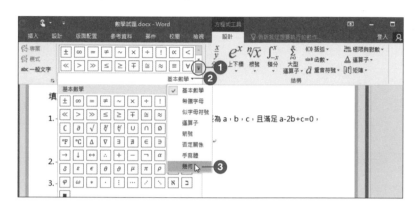

02 在選取方程式編輯框狀態下，於 **方程式工具 \ 設計** 索引標籤選按 **符號-其他** 清單中的 **角度**，並輸入 「A，」，重複步驟，如圖設定 ∠A，∠B，∠C 方程式。

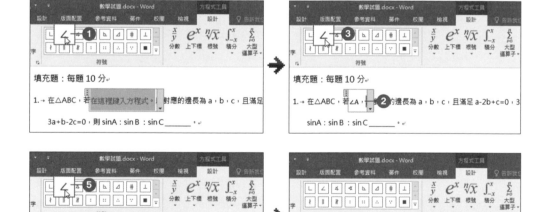

選按方程式編輯框左側 ▦ 時，可以將方程式全部選取，執行複製、剪下、刪除、格式設定...等動作，而方程式的數字、字母和括號...等常用符號，可直接從鍵盤輸入。

方程式屬性符號

於 **方程式工具 \ 設計** 索引標籤選按 **符號-其他** 預設開啟的清單為 **基本數學** 類別，而透過選按清單上方的標題列即可展開類別選項。

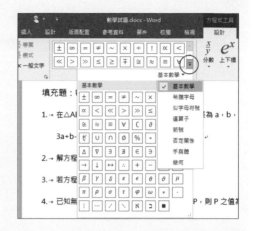

方程式工具提供了八種符號類別清單，使用者可依方程式的屬性，插入相關符號。

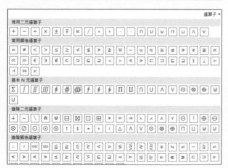

新增 \ 修改常見的數學方程式

將內建的 $a^2 + b^2 = c^2$ 方程式，變更為「$x^{x+4} = x^7$」。

01 將輸入線移至第二題如圖半形空白後方，於 **插入** 索引標籤選按 **方程式** 清單鈕，清單中選擇合適的預設方程式。(此例套用 **畢式定理**)

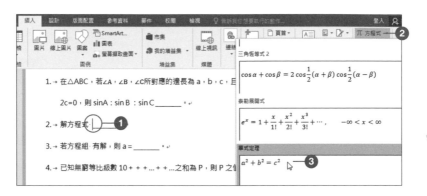

02 輸入線移至 a 前方，按 Del 鍵呈虛線方框時，輸入「x」，接著重複上述動作，將輸入線移至平方 2 前方，再按 Del 鍵呈虛線方框時，輸入「x+4」。

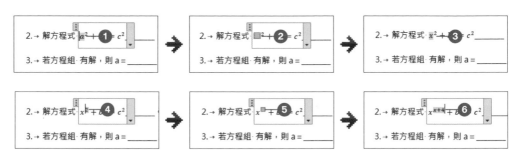

03 選取 $+b^2$，按 Del 鍵刪除。

04 輸入線移至 c 前方，按 Del 鍵呈虛線方框時，輸入「x」，接著重複上述動作，將輸入線移至平方 2 前方，再按 Del 鍵呈虛線方框時，輸入「7」。

插入內建結構方程式

Word 中內建許多不同屬性的方程式樣式結構，先由較簡易的方程式插入。

01 將輸入線移至第三題 "組" 文字後方，於 **插入** 索引標籤選按 **方程式** 清單鈕 \ **插入新方程式** (或按 `Alt` + `±` 鍵)，再於 **方程式工具 \ 設計** 索引標籤選按 **括弧 \ 案件(三個條件)** (或 **案例 (三個條件)**)。

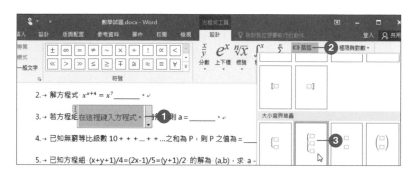

02 將滑鼠指標移至第一個虛線方框上，按一下選取，輸入「x+y-2z=1」，重複上述動作，移至第二個虛線方框，輸入「2x-y+z=2」，移至第三個虛線方框，輸入「x-2y+3z=a」。

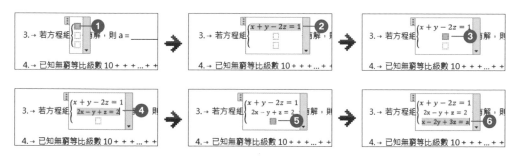

03 將輸入線移至第四題第一個 "+" 符號後方，按 `Alt` + `±` 鍵插入方程式編輯框，於 **方程式工具 \ 設計** 索引標籤選按 **分數 \ 分數 (直式)**，選取上方分子的虛線方框後，輸入「10」，再選取下方分母的虛線方框後，輸入「1.002」。

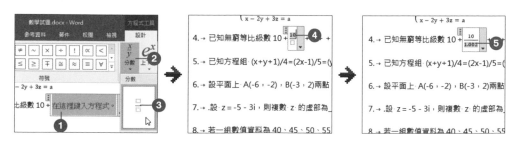

插入複合方程式

這裡將會使用二個預設結構式組合完整的方程式。

01 將輸入線移至第四題第二個 "+" 符號後方，然後按 `Alt` + `±` 快速鍵，插入方程式編輯框，於 **方程式工具 \ 設計** 索引標籤選按 **分數 \ 分數(直式)**，選取上方分子的虛線方框後，輸入 「10」，接著選取下方分母的虛線方框。

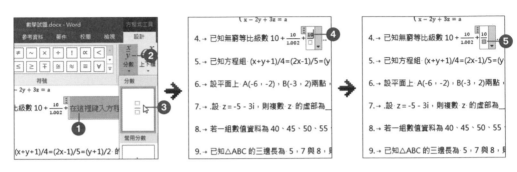

02 於 **方程式工具 \ 設計** 索引標籤選按 **上下標 \ 上標**，選取下方分母的虛線方框後，輸入 「1.001」，再選取平方虛線方框後，輸入 「2」。

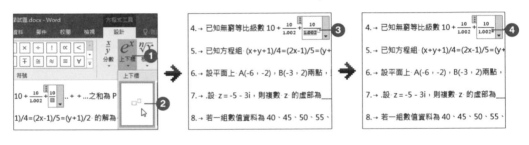

03 將輸入線移至第四題第四個 "+" 符號後方，按 `Alt` + `±` 快速鍵，插入方程式編輯框，重複剛才 1 與 2 的步驟，分別將上方分子輸入 「10」，下方分母輸入 「1.001^n」。

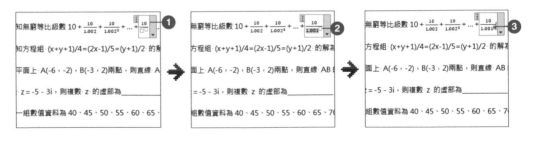

15.2 方程式的調整

一般在考卷上看到分數的式子多為直式,看起來比較專業也較正式,
接著即要將第五題試題由橫式改為直式。

橫式改直式

01 選取第五題如圖的方程式後,按 Alt + ± 鍵將其加入方程式編輯框。

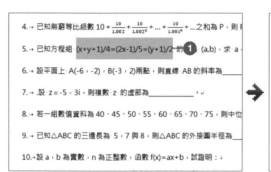

02 選按方程式編輯框右側 **方程式選項** 清單鈕 \ **專業**,原始設定為 **橫式** 的方程式
已經改為直式了。

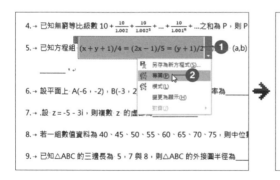

TIPS

方程式選項適用的檔案格式

檔案格式如果是 *.doc,**插入** 索引標籤 \ **方程式** 選項按鈕會呈現灰色而無法選
按,必須將檔案類型改為 *.docx 的新格式才能使用及儲存方程式。

調整方程式的對齊位置

一般方程式預設為置中的顯示狀態,但有時候會需要方程式靠左或靠右顯示,這時候可以使用 **方程式選項** 提供的功能快速變更位置。(此調整前提是方程式必須是獨立出來自成一段才可以移動)

01 選取第十題的第二行方程式。

02 選按方程式編輯框右側 **方程式選項** 清單鈕 \ **對齊**,在清單中選擇合適的對齊位置。(此例套用 **左**,將置中方程式變更為靠左對齊,符合目前考卷的編排)

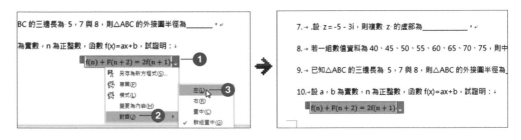

調整方程式字型

方程式預設的字型為 **Cambria Math**,只要在方程式編輯框內的文字都會套用這一個字型,如果需要變更字型,依照如下步驟變更文字樣式。

01 選取第十題的第二行方程式全部或部分要變更的文字,於 **方程式工具 \ 設計** 索引標籤選按 **一般文字** (或 **文字**),先將編輯框內的數學文字改變為一般文字。

02 接著於 **常用** 索引標籤修改相關字型樣式,即可改變方程式內的文字。

15.3 儲存自訂方程式

可以將常用或已建置的複雜方程式儲存，下次遇到時就能從中取用，
節省許多編輯的時間。

繼續上一節的範例，利用在第五題已建置的方程式，依照如下步驟儲存。

01 選按方程式編輯框右側 **方程式選項** 清單鈕 \ **另存為新方程式** 開啟對話方塊，
輸入 **名稱：自訂方程式**，設定 **圖庫：方程式、類別：一般** 後，按 **確定** 鈕。

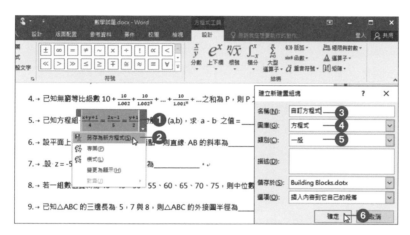

02 於 **方程式工具 \ 設計** 索引標籤選按 **方程式**，由清單中即可觀看到剛才儲存的
自訂方程式。

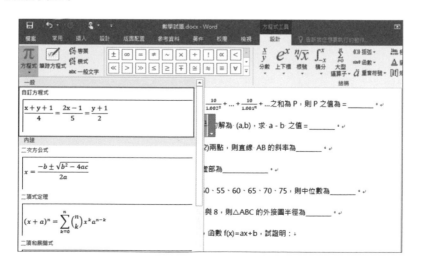

實作題

依如下提示完成 "物理公式整理" 作品。

1. 開啟延伸練習原始檔 <物理公式整理.docx>，將輸入線移至第一項 "法線合力提供向心力" 文字後方，按 Alt + = 快速鍵插入方程式編輯框。

2. 建置 $\sum \vec{F_n}$：於 **方程式工具 \ 設計** 索引標籤選按 **大型運算子 \ $\Sigma_\square$ 總和**，按 ← 往左方向鍵，選按 **重音符號 (或 加強記號) \ $\vec{\square}$ 上方向右魚叉** 替代預設方框；按 ← 往左方向鍵，選按 **上下標 \ $\square_\square$ 下標** 替代預設方框；按 ← 往左方向鍵，輸入「n」，再按二下 ← 往左方向鍵，輸入「F」。

   重複以上步驟，完成此公式的前半段內容 $\sum \vec{F_n} = \vec{F_c} = ma_c = m$。

3. 承襲上題，建置 $\frac{v^2}{v}$：於 **方程式工具 \ 設計** 索引標籤選按 **分數 \ $\frac{\square}{\square}$ 分數 (直式)**，按 ← 往左方向鍵，輸入「v」，再按二下 ← 往左方向鍵，選按 **上下標 \ $\square^\square$ 上標** 替代預設方框；按 ← 往左方向鍵，輸入「2」，再按二下 ← 往左方向鍵輸入「v」。

   重複以上步驟，完成此公式的後半段內容 $\frac{v^2}{v} = m\frac{4\pi^2}{T^2}r = m\omega^2 = m4\pi^2 f^2 r = \frac{2Ek}{r}$。

4. "鉛直面圓周運動" 項目下方：運用 **根號 \ $\sqrt{\square}$ 平方根**，完成公式建置。

> ➤ 水平面圓周運動：
>
> 法線合力提供向心力 $\sum \vec{F_n} = \vec{F_c} = ma_c = m\frac{v^2}{v} = m\frac{4\pi^2}{T^2}r = m\omega^2 = m4\pi^2 f^2 r = \frac{2Ek}{r}$
>
> ➤ 鉛直面圓周運動：
>
> 在最高點的最小速率 $v = \sqrt{gr}$，在最低點的最小速率 $v = \sqrt{5gr}$

5. "等加速度運動" 項目下方：運用 **括弧 \ $\{$ 案件 (三個條件) (或 案例 (三個條件))、上下標 \ $\square_\square$ 下標、$\square^\square$ 上下標、分數 \ $\frac{\square}{\square}$ 分數(直式)**，完成公式建置，並設定靠左對齊。

6. "質點的角動量" 項目下方：運用 **重音符號 (或 加強記號)\ $\vec{\square}$ 上方向右魚叉、括弧 \ $|\square|$ 括弧 (或 分隔號)、矩陣 \ 3×3 空矩陣、上下標 \ $\square_\square$ 下標**，完成公式建置，並設定靠左對齊。

> ➤ 等加速度運動：
>
> $$\begin{cases} v = v_0 + at \\ s = v_0 t + \frac{1}{2}at^2 \\ v^2 = v_0^2 + 2as \end{cases}$$
>
> ※v_0：初速度，v：末速度，a：加速度，S：位移
>
> ➤ 質點的角動量：
>
> $$\vec{l} = \vec{r} \times \vec{p} = rmvsin\theta = \begin{vmatrix} \vec{i} & \vec{j} & \vec{k} \\ r_x & r_y & r_z \\ p_x & p_y & p_z \end{vmatrix}$$

7. "德布羅依物質波波長" 項目下方：將輸入線移至 "(氣體分子)" 文字前方，再按 Alt + $\pm$ 快速鍵插入方程式編輯框。先輸入「=」，接著運用 **分數 \ $\frac{\square}{\square}$ 分數(直式)、根號 \ $\sqrt{\square}$ 平方根** 完成公式建置。

> ➤ 德布羅依物質波波長：
>
> (帶電粒子加速) = $\frac{h}{\sqrt{2m\frac{3}{2}kT}}$ (氣體分子)

8. 在步驟 7 建置的公式，選按方程式編輯框右側 **方程式選項** 清單鈕 \ **另存為新方程式**，設定 **名稱：自訂方程式-1**，按 **確定** 鈕。

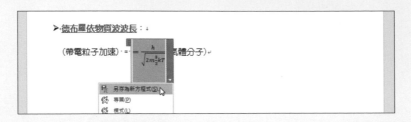

9. 將輸入線移至"(帶電粒子加速)" 文字前方，按 Alt + ± 鍵插入方程式編輯框，運用 **符號-其他 \ 希臘字母 \ λ** 符號、**分數 \ ▯/▯ 分數(直式)**，輸入「$\lambda = \dfrac{h}{p} = \dfrac{h}{mv}$」，接著按二次 → 向右方向鍵離開此段方程式編輯，並在方程式後按 Space 空白鍵以區隔後方的方程式。

10. 按 Alt + ± 快速鍵插入方程式編輯框，開始先插入之前另存方程式 **自訂方程式-1**，此時方程式會被分成二行。

11. 將輸入線移至 **自訂方程式-1** 前方按二下 Backspace 鍵，再將輸入線移到 **自訂方程式-1** 後方按 Del 鍵，將方程式調整為一行，接著修改公式為「$= \dfrac{h}{\sqrt{2mEk}}$」，並以相同的方式另外輸入「$= \dfrac{h}{\sqrt{2mqV}}$」。

12. 最後記得儲存作品，即完成了這一份高中物理重點公式整理的講義。

16

我的文件在雲端
Microsoft 365 與 OneDrive 應用

Microsoft 365 雲端
訂閱 Microsoft 365・OneDrive 雲端空間
OneDrive 共同作業・共用檔案

Microsoft 365 實現了雲端辦公室的願景，完全展現雲端行動力的強大，不僅可以讓您擁有 1TB 的 OneDrive 雲端儲存空間，還提供了每個月 60 分鐘的 Skype 免費通話服務，日後若發表新版的 Office 應用軟體時，還可以得到免費升級，這些都是訂閱 Microsoft 365 才能擁有的服務。

不過就算是免費的 Microsoft 帳號使用者，也可以透過 OneDrive 存取已上傳的 Office 檔案，其中微軟還提供了簡易的線上 Office App 編輯 Office 文件檔，可以將經常需要更動的資料儲存於雲端，透過行動裝置存取。

- ➕ 開始訂閱 Microsoft 365
- ➕ 申請並登入帳號
- ➕ 完成訂閱
- ➕ 安裝 Office 軟體
- ➕ 利用 Word 上傳檔案
- ➕ 利用瀏覽器上傳檔案

- ➕ 雲端空間的檔案管理
- ➕ 被邀請者開啟共用文件
- ➕ 利用本機 Office 共同作業
- ➕ 利用 Word 網頁版即時共同作業
- ➕ 利用行動裝置 Office 即時共同作業

- ➕ 共用檔案
- ➕ 共用資料夾

原始檔：<本書範例 \ ch16 \ 原始檔 \ 單車生活.docx>

16.1　Microsoft 365 雲端作業平台

Microsoft 365 雲端服務包括 Office 應用程式、1 TB 雲端空間、跨平台裝置運用、即時存取最新版的 Office 應用程式...等，是辦公室的最佳生產工具。

簡單來說，Microsoft 365 是微軟推出的 "一整套服務"，它包含了大型信箱服務、雲端文件庫、雲端會議室、最新版本 Office 應用軟體...等；而 Office 2016、2019 則是買斷型軟體且可永久使用，連線時可取得安全性的更新，但無法取得任何新功能。未來如果有新的版本推出時，Office 2016、2019 無法像 Microsoft 365 直接升級，必須再次購買新的版本才能使用新功能。

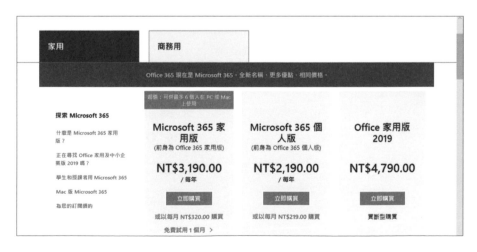

16.2 申請 / 登入並訂閱 Microsoft 365

Microsoft 365 的訂閱服務，就如同訂閱雜誌一般，只要定期繳費，就可以在 Office 推出新版本時立即更新軟體，不用再購買新版本，讓您享受強大的雲端行動力。

開始訂閱 Microsoft 365

如果您只是單純的編輯辦公室文件，可以選擇購買最新的 Office 版本；但如果您對行動辦公的需求非常注重且希望安裝的 Office 可以即時更新版本，那麼就可以選擇訂閱 Microsoft 365，首先開啟瀏覽器 (此章統一使用 Edge 瀏覽器) 並連結至「https://www.microsoft.com/zh-tw/microsoft-365」網頁：

01 於網頁中選按 **家用** 鈕，在家用版本中分別有 **家用版** 與 **個人版** 的說明與試用、購買連結，一開始可以選按 **免費試用 1 個月**。

02 於網頁下方瀏覽 **常見問題**，了解相關資訊後，於網頁上方選按 **免費試用 1 個月** 鈕。(1 個月後即會自動開始付費使用)

申請並登入帳號

若已有 Microsoft 帳號可直接輸入帳號與密碼,再按 **登入** 鈕即可開始訂閱 Microsoft 365 (後續步驟可參考 P16-6 說明),若還沒有 Microsoft 帳號,請依下面的步驟註冊 Microsoft 帳戶。

01 選按 **立即建立新帳戶**,接著再選按合適的註冊方式,這裡以選按 **取得新的電子郵件地址**。

02 設定 **電子郵件** 名稱後按 **下一步** 鈕,建立密碼並核選 **我想要 Microsoft 產品與服務的相關資訊、秘訣和優惠**,再按 **下一步** 鈕。

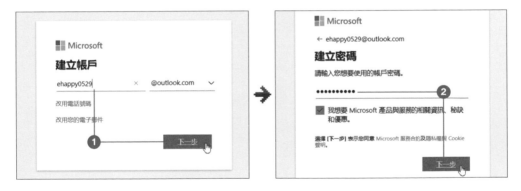

03 輸入個人的 **姓氏** 與 **名字**,按 **下一步** 鈕,最後輸入顯示的字元後按 **下一步** 鈕,完成帳戶的建立。

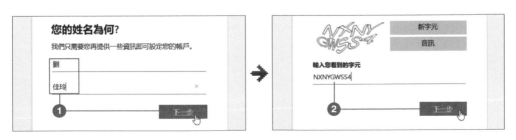

完成訂閱

01 按 **下一步** 鈕，接著選按付款方式 (這裡選按 **信用卡或轉帳卡**)。

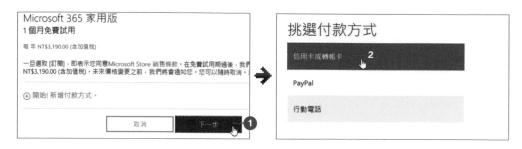

02 輸入信用卡資訊、個人資料...等相關資料，輸入完成按 **儲存** 鈕。

TIPS

Microsoft 365 試用到期

免費試用 1 個月 鈕下方說明了首月免費試用，但第二個月起即依您選擇的方案扣款，當然也可以在首月免費試用結束前取消訂閱，即不會有後續扣款的費用產生。
(取消訂閱的方式可參考 **P16-7** 下方小提示的說明)

03 最後確認資料無誤後，按 **訂閱** 鈕。

安裝 Office 軟體

01 完成訂閱後就會進入 Microsoft 365 家用版頁面，按 **安裝 \ 安裝 Office** 鈕，
於 **下載並安裝 Office** 對話方塊中按 **其他選項**。

02 設定正確的語言後，按 **安裝** 鈕，
即會開始下載安裝檔回本機，下
載完成後按 **執行** 鈕，再依指示完
成安裝。(目前官網只提供最新版
本的 Office 軟體。)

TIPS

取消訂閱

若要於試用期結束前取消訂閱，在登入帳號後，於網頁上方選按 **服務與訂閱 \ 付
款與帳單**，於管理畫面 Microsoft 365 項目選按 **取消**，依步驟操作即可取消訂
閱，最後確認週期性計費是關閉狀態。

16.3 將檔案儲存至 OneDrive 雲端空間

OneDrive 可透過電腦或是行動裝置存放任何的文件、相片...等其他檔案。不論是否訂閱 Microsoft 365，只要擁有 Microsoft 帳號即可使用 OneDrive 雲端空間。

利用 Word 上傳檔案

開啟一個 Word 文件，接下來要將本機檔案儲存至 OneDrive 雲端空間，第一步必須先登入 OneDrive。

01 於 **檔案** 索引標籤選按 **另存新檔 \ OneDrive** 後，按 **登入** 鈕。

02 輸入 Microsoft 帳號 (若無帳號可參考 P16-5)，按 **下一步** 鈕，接著輸入密碼後，按 **登入** 鈕。

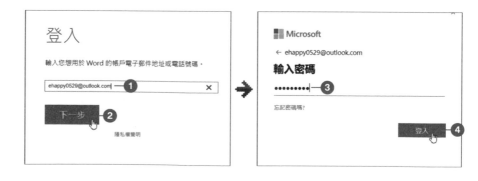

03 登入完成後於 **OneDrive - 個人** 下方出現帳戶名稱，接著選按 **另存新檔 **
OneDrive - 個人 \ OneDrive - 個人。(初次使用如果出現 Windows 安全性認證的
對話方塊，請再輸入一次帳號與密碼後，核選 **記住我的認證**，再按 **確定** 鈕。)

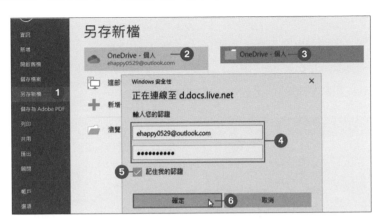

04 選按要儲存的資料夾，確
認檔案名稱後，按 **儲存**
鈕。(此範例選按 **文件** 資
料夾)

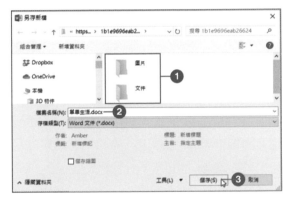

完成將檔案儲存至 OneDrive 雲端空間後，靜待片刻再開啟瀏覽器進入 Microsoft
365 網站「https://www.microsoft.com/zh-tw/microsoft-365」並登入帳戶，再選按
OneDrive 即可在剛才指定儲存的 **文件** 資料夾中看到上傳的檔案。

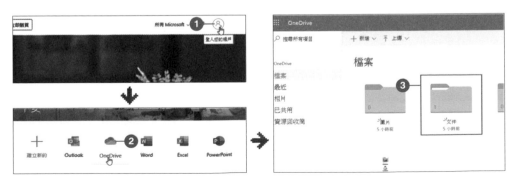

利用瀏覽器上傳檔案

除了利用 Word 軟體上傳目前開啟的文件檔案到 OneDrive 外，另一種方式則是直接於 OneDrive 網站上傳檔案。

於瀏覽器進入 Microsoft 365 網站「https://www.microsoft.com/zh-tw/microsoft-365」並登入帳戶再選按 **OneDrive**，再按上方的 **上傳 \ 檔案**，於 **開啟** 對話方塊選擇要上傳到 OneDrive 雲端空間的檔案，再按 **開啟** 鈕。

雲端空間的檔案管理

上傳至 OneDrive 雲端空間中的檔案，預設會存放於目前所在的檔案路徑下，若上傳後想搬移至其他資料夾，可核選該檔案後，選按 **移動至**，接著選按目標資料夾項目，再按 **移動**。

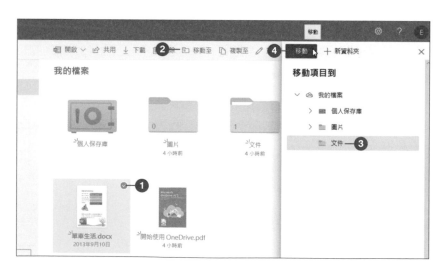

上傳至 OneDrive 雲端空間中的檔案，可以透過功能表中的 **複製至**、**重新命名**、**刪除**...等功能設定或變更，以下示範將檔案 **重新命名**。

01 於 OneDrive 資料夾中核選要進行更名的檔案，接著選按 **重新命名**。

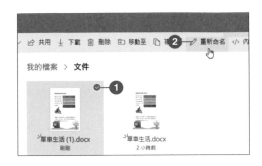

02 輸入新的名稱後，按 **儲存** 鈕，即可完成重新命名。

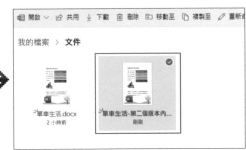

如果想在根目錄下再建立一個名稱為 "公開" 的資料夾，先選按左側 **我的檔案** 回到根目錄下，再於上方選按 **新增 \ 資料夾**，輸入「公開」後，按 **建立** 鈕完成新增資料夾。

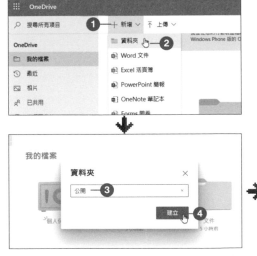

16.4 關於共同作業的準備工作

"共同作業" 是指讓您可以從任何位置，無論是家中或辦公室以外的其他地點，透過電腦或行動裝置輕鬆地與朋友共用一份 Word 檔案並可共同編輯、修訂。

這樣的作業方式必須先將檔案上傳到 OneDrive 雲端空間儲存 (詳細說明可參考 P16-8~P16-10)，再邀請人員一起 "共用文件"，當被邀請者與您同時編輯、修訂一份 Word 文件時，這樣的動作稱為 "共同撰寫"。使用共同撰寫前需事先確認裝置上的 Word 版本是否有支援，如無法共同撰寫請依下方說明檢查文件：

- **Word 版本**：共同撰寫可在 Word 2010、2013、2019 中運作，但無法在舊版 Word 中運作 (含 2007 之前版本)。

- **檔案類型**：文件需儲存為 *.docx 檔案，如果是 *.doc 需先轉換為 *.docx 檔案。

- **標示為完稿**：文件若已標示為完稿將無法使用共同撰寫。

- **儲存設定**：於 **檔案** 索引標籤選按 **選項** 開啟對話方塊，在 **信任中心** 選按 **信任中心設定** 鈕開啟對話方塊，於 **隱私選項** 的 **文件特定設定** 項目中，核選 **儲存亂數以改善合併的正確性**。

- **文件內的項目**：OLE 物件、巨集或 HTML 框架組、ActiveX 控制項、文件是否為主控文件或子文件，若有包含以上內容的文件將無使用共同撰寫。

只要依以下幾個步驟，就能與其他人共同撰寫：

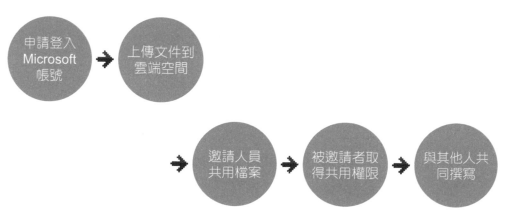

OneDrive 的雲端共同作業

16.5

上傳至 OneDrive 空間的文件，可以透過多種平台開啟這些文件，並且邀請其他人一同協助校訂修正，完成後即會同步儲存於雲端中，讓文件隨時維持在最新的狀態。

邀請共用的人員

01 於本機 Word 開啟要共用的文件，確認已上傳 OneDrive 後，在視窗右上角選按 **共用** 開啟窗格。

02 於 **共用** 窗格 **邀請人員** 欄位輸入被邀請者的 Microsoft 帳號電子郵件，設定 **可以編輯**，最後再輸入說明文字，按 **共用** 鈕。

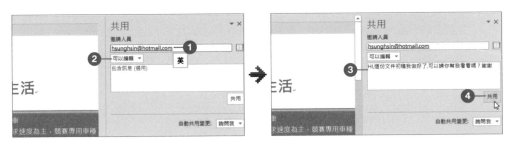

TIPS

邀請多位共用文件的使用者

如果要同時邀請多位共用文件的使用者，可選按 **邀請人員** 右側的 ▣ 鈕開啟對話方塊，先於左側清單中選取聯絡人，再選按 **收件者** 鈕加至右側 **郵件收件者** 清單，最後選按 **確定** 鈕，即可一次邀請多人共用文件。

如果沒有聯絡人清單時，在 **邀請人員** 欄位輸入第一位人員的帳號後，先輸入「;」，再輸入下一位人員的帳號，依此方式可一次輸入多組帳號。

被邀請者開啟共用文件

被邀請者會收到一封分享共用的邀請郵件，於郵件內容選按 **Open** 鈕會使用預設瀏覽器開啟共用文件網頁版，以下說明二種可編輯文件的方法：

方法 1：選按 **編輯文件 \ 在瀏覽器中編輯** 即可使用 Word 網頁版編輯文件，初次使用會有存取的要求，請按 **繼續** 鈕，編修後的文件會即時儲存。(若在開啟網頁後尚未登入帳號，於網頁右上角選按 **登入**，再依提示完成登入。)

方法 2：Word 網頁版部分功能無法使用，如果要擁有較完整的編輯功能，建議選按 **在傳統型應用程式中編輯** 使用本機 Word 軟體開啟。(如開啟文件過程要求需登入 Microsoft 帳號，請依提示完成登入。)

利用本機 Office 共同撰寫

完成 **共用** 文件後，即可線上同步與對方共同修訂已共用的 OneDrive 文件，以下示範 **在傳統應用程式中編輯** 共同撰寫。

01 於 **校閱** 索引標籤選按 **追蹤修訂** 清單鈕 \ **追蹤修訂**，另外確認 🖾 **顯示供檢閱：所有標記**。(先開啟 **追蹤修訂** 功能，共用文件時可以即時呈現大家修改的動態或是彼此溝通的內容。)

02 請對方在文件上直接校對，像是此範例中替文字加上 " " 符號，並替此段文字加入 **註解**，最後按視窗左上角 🖾 **儲存** 鈕。

03 過一會兒於本機的文件就會出現 🔁 圖示 (或是狀態列會顯示 **可用的更新**)，選按 🔁 圖示 (或 **可用的更新**)，再按 **確定** 鈕即可更新文件狀態。(在對話方塊核選 **不要顯示此訊息**，之後更新文件時就不會再出現提示對話方塊。)

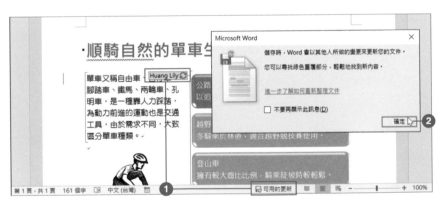

04 除了會顯示對方修正的內容，於 **校閱** 索引標籤選按 **顯示標記** 清單鈕 \ **註解方塊** (或 **球形文字說明**) \ **在註解方塊顯示修訂** (或 **在球形文字說明顯示修訂**) 開啟右側邊欄，可看到註解內容。(建議先關閉 **共用** 窗格)

05 於 **顯示標記** 側邊欄按一下註解的 ⬜ **回覆** 鈕，輸入想回覆的內容，然後按視窗左上角 🖫 **儲存** 鈕，即可回覆給對方。

06 最後當對方完成校對後，除了可直接在文件內容中看到修訂的識別，於 **校閱** 索引標籤選按 **檢閱窗格** 清單鈕 \ **垂直檢閱窗格** 開啟左側窗格，也可以看到更詳細的修訂內容。

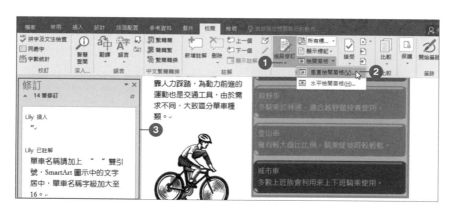

T I P S

上傳擱置

共同作業儲存檔案時，若發現一直無法與對方同步文件內容，可於 **檔案** 索引標籤選按 **資訊**，如有出現 **上傳擱置** 的提示，選按 **解決 \ 開啟上傳中心**，於對話方塊中可以看到上傳失敗的項目，請檢查網路是否正常，再重新上傳即可。

利用 Word 網頁版共同撰寫

完成 **共用** 文件後，如果要幫您校閱的朋友沒有單機版的 **Office** 軟體可以使用，或您使用本機 Word 軟體共同撰寫時覺得同步的速度很慢，可以使用 Word 網頁版操作。

01 開啟瀏覽器登入您的 OneDrive 頁面，於資料夾中開啟欲共同撰寫的 Word 檔案。待對方收到邀請信件並進入網頁瀏覽模式，選按 **編輯文件 \ 在瀏覽器中編輯** 即可使用 Word 網頁版。

02 以 Word 網頁版開啟該檔案，雖然編輯功能沒有 Word 軟體完善，但基本的文字編修、插入圖片或是版面配置、段落設定、校閱...等功能都可以使用。如果開啟檔案後是 **檢閱** 模式，於右上角選按 **檢閱 \ 編輯**，即可進入編輯模式。

03 待其他共同作業的伙伴使用 Word 網頁版開啟檔案並登入後，於文件右上角即會顯示代表他們的小圖示，並且在文件中可看到其代表色的輸入線。(將滑鼠指標移至該輸入線位置，即可顯示共用作業者的名稱。)

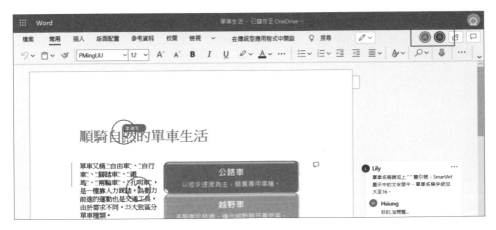

利用行動裝置 Office 共同撰寫

如果手邊沒有電腦，使用行動裝置也能幫您完成一些簡易的共同作業項目。(Android 裝置需開啟 Google Play 完成 Word 軟體安裝；iOS 則需至 App Store 安裝 Word 軟體，安裝完成後必須先開啟軟體完成登入。)

使用郵件 App 收取信件後，點一下該文件檔名連結，就能開啟相關 Word 軟體 (請記得先登入帳戶，如未安裝軟體則會先以預設的瀏覽器開啟文件預覽)，完成後即可進行簡單的編修。

TIPS

在瀏覽器和 Word 中使用文件的差異

Word 網頁版和傳統 Word 桌面應用程式很像，但還是有功能上的差異需要注意，像是不支援所有檔案格式、某些功能無法使用...等，詳細的說明可參考官網 https://pse.is/SG4C4 的說明：

在瀏覽器和 Word 中使用文件的差異

Word Web App

重要: 本文係由機器翻譯而成，請參閱免責聲明。本文的英文版本請造這裡，以供參考。

Microsoft Word Web App 可讓您在文件的網頁瀏覽器中進行基本編輯和格式設定變更。更多進階功能，請使用 Word Web App 的 [在 Word 中開啟] 命令。當您在 Word 中儲存文件時，它會儲存在網站的 web 應用程式中您開啟的位置上。

您在 Word Web App 中開啟的文件是相同的文件您開啟 Word 桌面應用程式，但是有些功能在兩種環境中運作方式會不同。

Word 網頁版 **檔案** 索引標籤中並無 **存檔** 的功能，是因為 Word 網頁版會在任何修訂動作後自動儲存，所以當您製作好文件內容後，可以直接關掉瀏覽器或分頁，不用手動存檔。另外，網路狀況也會影響即時共同作業的更新速度。

16.6 共用 OneDrive 內的檔案

OneDrive 雲端中的檔案可以隨時在線上開啟瀏覽編修，還可以將文件、檔案或圖片分享給伙伴以及好朋友們，達到共享的目的。

共用檔案

若要與朋友共用、編輯 OneDrive 內的檔案，請依下列示範操作：

01 於瀏覽器進入 OneDrive 網站「https://www.microsoft.com/zh-tw/microsoft-365」並登入帳戶，再選按 **OneDrive**。

 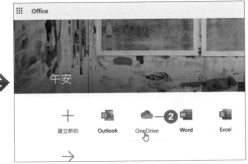

02 核選要共用的檔案，然後選按 **共用 \ 擁有連結的任何人都可以編輯**，確認核選 **允許編輯**，接著依需求設定到期日或密碼 (此二項目必須訂閱 Microsoft 365 才能使用)，再按 **套用** 鈕。

 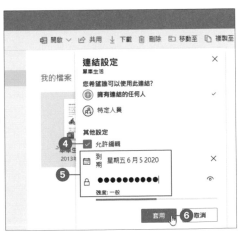

03 輸入要邀請共用的郵件位址 (可輸入多位)，再輸入說明文字後，按 **傳送** 鈕，最後再按 ⊠。

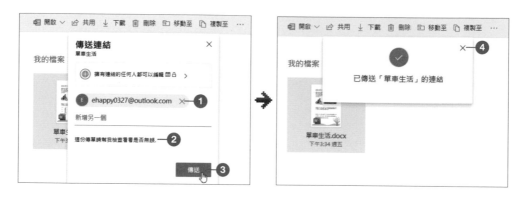

被邀請的朋友即會收到一封由 OneDrive 使用者署名寄來的共用分享郵件，只要開啟郵件，選按分享檔案名稱或是按 **Open** 鈕，即可開啟瀏覽器檢視。再依使用需求選擇開啟或是儲存檔案。

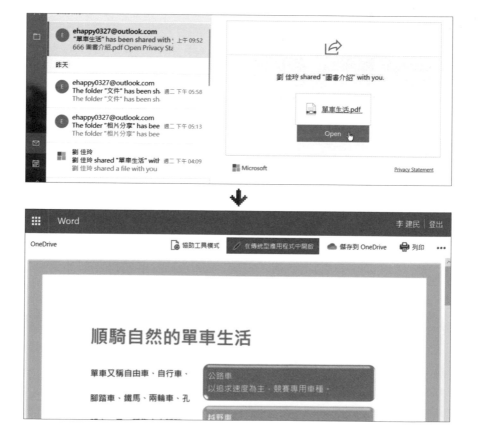

共用資料夾

若要共享多個檔案,可以把檔案儲存在資料夾中,將資料夾設定 **共用** 後,就能與朋友一起編輯資料夾中的所有檔案。

01 於 OneDrive 網頁左側選按 **我的檔案** 回到根目錄,核選要分享的資料夾,再選按 **共用**,依相同操作方式輸入 **收件者** 與相關設定後,按 **傳送** 鈕。

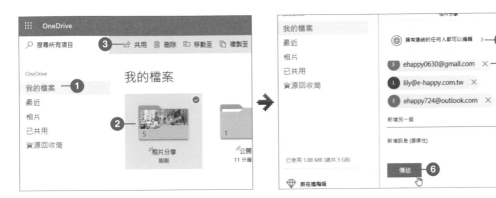

02 被邀請的朋友在收到邀請郵件後,選按信件內容中最下方的 **View all photos** 鈕 (或 **Open** 鈕),接著會開啟瀏覽器檢視,於共用的資料夾中可以上傳、下載資料。(如果在行動裝置中安裝 OneDrive App,就可以利用行動裝置隨時共享或是管理雲端中的資料。)

實作題

依如下提示完成上傳文件檔至 OneDrive，並設定共用分享。

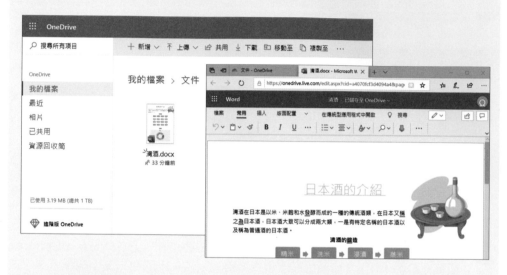

1. 開啟延伸練習原始檔 <清酒.docx> 練習，於 **檔案** 索引標籤選按 **另存新檔 \ OneDrive**，登入 OneDrive 後將文件檔案儲存至 OneDrive 的 **文件** 資料夾中。

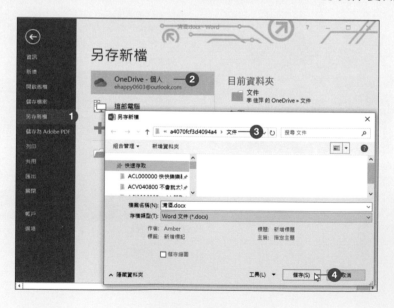

2. 開啟瀏覽器連上「https://www.microsoft.com/zh-tw/microsoft-365」，輸入帳號、密碼登入後進入 **OneDrive** 的 **文件** 資料夾中。

3. 於 **文件** 資料夾，將剛才上傳的檔案依電子郵件的方式共用分享 (可用自己的電子郵件帳號或朋友的電子郵件帳號練習)，並設定收件者無法編輯該檔案文件。

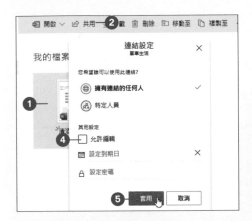

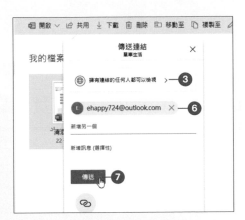

4. 完成共用分享後，於指定收件者信箱中會接收到由您署名寄來的郵件，請試著開啟郵件並開啟檔案文件瀏覽。

Word 2016/2019 高效實用範例必修 16 課

作　　者：文淵閣工作室 編著　鄧文淵 總監製
企劃編輯：王建賀
文字編輯：江雅鈴
設計裝幀：張寶莉
發 行 人：廖文良

發 行 所：碁峰資訊股份有限公司
地　　址：台北市南港區三重路 66 號 7 樓之 6
電　　話：(02)2788-2408
傳　　真：(02)8192-4433
網　　站：www.gotop.com.tw
書　　號：ACI034100
版　　次：2020 年 07 月初版
　　　　　2024 年 09 月初版十一刷
建議售價：NT$480

國家圖書館出版品預行編目資料

Word 2016/2019 高效實用範例必修 16 課 / 文淵閣工作室編
　著. -- 初版. -- 臺北市：碁峰資訊, 2020.07
　　面；　公分
　ISBN 978-986-502-559-5(平裝)
　1. WORD(電腦程式)
312.49W53　　　　　　　　　　　　　　　　109009850